中国近代伦理学文献丛刊

李义天 张远航◎主编

第三部分·第二册

CCTP
中央编译出版社
Central Compilation & Translation Press

中国近代小说丛书

出版说明

中国近代伦理学文献丛刊共计收录中国近现代伦理学文献三十二种，分作四辑，每辑所收文献按当时出版时序排列。本次整理，皆按底本影印，以存文献版本旧貌。底本原文或有舛错，本次整理未予订正，如伦理学（斯宾挪莎著，伍光建译）第一册第十一题目录作『神或本质原为无限属性所备造而成者而每一个属性则是发表永恒及无限然则神或本质要素者是必然有者』，但正文却为『神或本质原为无限属性所备造而成者而每一个属性则是发表永恒及无限然不神或本质要素者是必然有者』，虽神与不神仅一字之差，但意迥然不同；又如日本元良勇次郎著伦理学第二十四章目录作『纳税兵役之义务』，而正文却为『国家伦理　纳税与兵役之义务』，差异明显。此外，底本皆为繁体中文，本次整理，唯前言、目录及书眉等整理文字，为适宜今人阅读，皆作简体中文。特此说明。

前言

李义天

中国有着悠久的伦理文化传统与伦理思想传统。自先秦、经汉唐、至明清，前人先贤围绕善恶、是非、义利、廉耻等问题展开的讨论及其形成的知识成果，为我们留下了丰厚的文化遗产与思想资源。在这个意义上，作为一门学问的伦理学，在中华学术谱系中始终存在。然而，作为一门学科的伦理学，对于中国学术来说，却是一件近代以来才发生的事情。

学问的确立可以是学者个人的成就，但学科的确立却与学术制度的转型、学术形态的自觉，以及学术背景的更替密切相关。这些方面都必须在近代中国社会的语境中得到理解。具体而言：

其一，作为一门学科的伦理学，奠基于近代教育制度和教育体系的发展。正是在近代教育制度和教育体系（尤其是大学教育体系）的『学科化』进程中，细密的学科划分逐渐形成，清晰的学科意识逐渐确立。由此，学者对知识的探讨，不再意味着单纯的研究，而是建制上的学科建设。对近代中国学人而言，『伦理学』概念的出现以及学科的形成，正是近代中国在文明碰撞之间吸纳、改造近代教育体系及其学术制度的现实产物。

其二，作为一门学科的伦理学，不仅需要具备专门的研究题材与研究方法，更要有针对这些题材与方法的自觉总结和反思。因此，仅仅探讨有关善恶的问题、论证关乎善恶的要求，或许能够形成伦理学学问的主要框架，但不足以构成伦理学学科的完整内容。作为学科的伦理学，还必须在探讨和论证具体命题的基础上，对其背后的理由与方法加以提炼与批判。要做到这一点，则必须梳理、评析已有的观点与路径。在这个意义上，近代中国学人对伦理学方法论和伦理学思想史的研究自觉，乃是这门学科在近代中国初步成型的必要条件。

其三，作为一门学科的伦理学，无论是涉及教育体系与知识门类的「学科化」，还是涉及研究方法与思想历程的「自觉化」，都必须置于中国与世界交往的近代语境中来理解。在「作为学问的伦理学」向「作为学科的伦理学」的转变过程中，近代中国学人对西方伦理史籍的大规模翻译、对当时国外学界新近文献（尤其是思想史著作）的批评性介绍，以及他们立足本土而展开的系统阐释与重构，无疑是最重要的内在动力。这些动力及其带来的转变，恰恰是在近代中国的特定历史背景下，作为一系列近代事件而发生的。

因此，要理解作为一门学科的伦理学在中国的起步与发展，就必须对近代中国伦理学的理论实践加以关注。其中，最为基础的一项工作便是对当时研究和译介的基本文献进行搜集、整理与汇编。可以说，只有做好这项工作，我们才能印证中国伦理学学科所具有的近代性质，才能描述中国传统伦理思想向现代人文学科范式的转变过程，才能理解过去一百五十年间中国伦理学发展的曲折与波动，也才能帮助我们在此基础上推进当代中国伦理学的学术研究与学科建设。作为历史资料，这些近代文献对于直面历史、正视历史并希望能从历史中汲取经验的每一位伦理学人来说，都是无法忽视和规避的。

基于上述考虑，我们从二十世纪上半叶的相关文献材料中，择取了三十余部作品，分作四辑，每辑依其出版年序加以汇编整理。根据题材类型，它们大致被分为四类：

（一）史籍类。主要包括近代中国学人对西方伦理思想若干重要文献的翻译作品。它们可以映射出，当时的中国伦理学人在面向西方伦理思想时所采取的关注视角与选择范围。

（二）史论类。主要包括当时具有一定影响的伦理思想史研究著作。就内容主题而言，其中既有关于西方伦理思想史的研究，也有关于中国伦理思想史的研究；就出版类型而言，既有中国学者的原创研究，也有对同时期外国学者的成果译介。它们可以展示出，当时的中国伦理学人所接受的伦理思想史框架及其主要线索。

（三）著述类。主要包括近代中国学人对伦理学基本问题的思考和阐发。其中不仅含有一些导论性、概论性作品，也涉及一些基于特定立场或针对特定领域的研究专著。它们可以反映出，当时的中国伦理学人对伦理学整体或其分支的基本判断和理解深度。

（四）讲稿类。主要包括当时使用的若干伦理学讲义或教材。同样地，这一部分也是既包括中国学者或教育者的作品，也包括当时翻译过来作为教材或教学资料使用的文本。它们可以体现出，当时的中国伦理学学科教育所涉及的大致范围和程度。

值得特别强调的是，作为近代中国的思想文献，其在内容和表述上不可避免地存在这样或那样的历史局限。如今看来，其中有些说法和论证并不恰当甚或错误。但是，这也恰好体现了伦理学作为一门人文学科所无法摆脱的历史性与经验性，也再次证明了唯物史观关于道德学说在根本上受制于社会发展这一判断的有效性与正确性。因此，基于对历史事实的尊重，我们最大限度地将这些文献循其原貌，汇编成册，影印出版。我们期待，当代学人不仅能够抱着历史的眼光去认真地观察和理解它们，更能抱着历史的眼光去严肃地批判与剖析它们。只有这样，当代中国的伦理学研究才更可能去粗取精、去伪存真，也才更可能自成一体，贯通古今，奔向未来。

壬寅春于清华园

倫理學概論

倫理學概論自叙

(一)

這一部『倫理學概論』，是我在本年夏假期內，費三個月工夫，草草把他寫成的。中間託友人鈔寫，費去一個多月，印刷又費兩個多月，一直到了現在——十四年十二月，才算全體印成。

全書共分三編：

第一編，『總論』，所叙述的，是關於倫理學上各種重要觀念。

第二編，『道德行爲論』，所論列的，是關於道德行爲的各種根本原理。

第三編，『道德標準論』，所討論的，有左列三項：

(1)判斷道德行爲的標準，何以不同？其不同的原因安在？

(2)判斷道德行爲的標準，究竟是孰優孰劣？

(3)道德行爲最善的標準，究竟是什麼？我們怎樣才能尋着人生的究竟目的。

第三編，分量最多，約佔全書五分之三。

(二)

倫理學，本不同於『修身教本』，當然要注重理論方面。可是，考究他的老根，原是出身於『處世術』——就是中國所謂『修身法』；所以他和人生行爲實踐方面，始終不能脫離關係。縱然研究所及，屬於最高的理論，也是不能遠於人生，其結果，還是要尋求出至善之鵠，以爲人生行爲最高的準則。

『道德的重要』一語，無論何時何地何人，似乎皆不能加以否認。可是，道德這樣東西，也並不是一成不變的；他的自身，確實具有會變化會成長的特性，隨時隨地，不斷的，向前演進，向上發展。至於其中執變化的樞紐，握成長的命根，却不是全靠那不言不語的大自然，叫他東就東，叫他西就西，還是依賴『萬物之靈』的人類一點心靈，秉着自動的知能，以力謀環境的適應，促起道德的進步。

各民族有各民族特殊的歷史，特殊的環境，自然就會產生出特殊的道德。若就其不同者以言，各國的道德習慣，道德觀念，道德學說，絕不能是一個樣子。可是，世界交通日便，在精神上，物質上，各民族間，皆有互相溝通，彼此交流之勢；縱的如遺傳方面，既要受其振動而轉換方向，橫的如環境方面，也要受其影響而變更形勢。那末，生活狀況，今既不同於昔，則所用以維持生活的要具——道德，當然也不能不稍稍遷變。甲可取乙方之長，乙也可採甲方之善，甲乙兩方，互相採取，互相仿效，久之，自有丙的一個新產兒，呱呱墮地，由幼而長，成家立業，蕃衍子孫。

(三)

如若以上所說的三端不錯，那末，關於近人對於倫理道德的一般觀察，和我們個人對於倫理道德的態度，也就不妨略說一說了。

我們中國，是擁有五千年的歷史——有文字記載的歷史，凡古昔聖哲，所以詔示後人的，大之如治理人羣的方策，小之如修繕個人的矩矱，有些是載諸禮經，有些是垂諸學案，有些是存諸傳說，總算是豐而且富了！因此，國人也就龐然自大，侈然自豪，舉起拇指，號詔於衆說：『倫理道德，我們中國，是最好不過的；何必捨近取遠，再去外求呢？』甚且慨然太息，口誦孟子的話：『吾聞用夏變夷者，未聞變於夷者也！』這一類的議論，皆是我們常常聽得耳熟的。

可是，另外還有一種論調，與前面所說，恰巧相反。以打倒孔家店爲當代的英雄，以穿破宋理窟爲蓋世的能手。必欲舉五千年來的禮經，學案，付之一炬；必欲舉一切社會相傳下來的習慣風俗，根本剗除。廓清榛莽，另植新穀，種則取諸鄰邦，果當穫於中土。以爲不如此，絕不足以應變而圖存。

這一類的主張，也是我們常常領教過的。

以知識短淺，膽子很小的我，和我的朋友，我的同志，聽到這兩種相反的主張，實在是有點『不寒而栗』！

我在前面，不是已經說過了麼？倫理學的出身，是一種術，是爲着處世而設的一種方法，他和實踐，是離不開的。旣由術以升入於學，復由學以應用於術。不是僅憑着個人玄遠高深的想像，可以一反手間，『欲如何便如何』的，他却會自由演進，自由成長；但在那演進和成長的茫茫長途中，還要看做道德行爲主體的人，心能的發展怎樣，當他心能發展時，又要看他和各方面不同生活樣法的民族，接觸的情形怎樣。

大凡人我相交，當然是以我爲主，以人爲客，主客是兩相對待的，也是互相關聯的；萬不能只顧我或人的一方面。有了我，便忘了人，自然是不對；爲着人，便忘了我，也是同樣不對。我應該不失自主之權，本着創化的心能，合理的知辨，酌量損益，擇善而行，才不至『喧賓奪主』，才不至『無禮慢客』，才可以取客之所長，補己之所短。

如果眞照前面所述兩種相反的主張，各走一端，不相接近，豈不是主和客，永遠無合作之可能麼？實在是『我爲此懼』！

更有主張聽憑自然變化的；以爲各民族間，自然會交流，自然會溝通，自然會互相採取，互相仿傚，自然會產生出適合的倫理道德。我們旣不必替『則古稱先』的人，十分發愁，更不必替『銳志改革』的人，十分駭怕。替他發愁，替他駭怕，皆是多事，皆是大愚。如中國古代的道家，便是這樣的主張；今日一般樂天派和厭世派的自然主義的學者，也還是這樣設想。

可是，這又不免錯誤了。稍稍明白生物學和社會學的人，皆知道進化有兩種：一是自然的進化，一是人爲的進化。自然的進化，是被動的，經過的時間，是很長的，進行的道路，是純粹曲線的，前途成功與否，是不能預定的；人爲的進化，是自動的，經過的時間，是可以縮短的，進行的道路，是可以改曲線爲直線的，前途的成功，大致可以預爲測定的。道德這樣東西，既是違反不了進化律，各民族交通以後，變化起來，便格外覺得大，覺得快，如何能不由道德行爲主體的人，操一部分主持進化之權呢？人類固然比不上如宗教家所說的天神，總還是優於其他動物，如何能聽那不言不語的大自然完全作主呢？道家的『順天主義』，實在是不如儒家的『戡天主義』。若果照『聽天委運，一任自然』的辦法做去，那末，我那『我爲此懼』的程度，恐怕還要格外加重哩！

（四）

如何才能不忘在我，權自我操呢？那末，我就不能不說到道德問題的研究了。

我們首先要問一問，倫理道德，可以分別新舊麼？可以分別中外麼？這眞是難答的很！論到時間的先後，疆域的距離，那是不能不畫上一兩道虛線，以表示差異。但是細加考察，新的還不是由舊的蛻化而來麼？舊的還不是由新的積累而成麼？世界上本沒有完全離開舊的新，也沒有完全不許加入新的舊；你若是一定要主張『完全離開』，或者一定要主張『完全不許加入』，簡直可以說是『非愚即妄』。中國和外國，民族本不同，當然由歷史遺傳下的適合於環境的各種道德條目，彼此也不能一樣；可是，若講到道德發生的本源，又何嘗有異呢？各民族既經交通接觸，則風俗習慣，更可以彼此化合，則不同的，又何嘗不能參雜溶解，泯滅界限呢？再說到最高原理方面，又何嘗不能古今中外，一致適用呢？

如若僅取古人幾句道德的格言，便奉以爲立身處世的準則，固然有時也可收相當的效果，但是，可能明了道德眞正的價值所在麼？可能盡合於最高原理麼？看到外人有一二新奇可喜的習俗，便去盲目的摹仿，固然有時也可得相當的利益，可是，能說執一二事，便可以包括其餘麼？

我們既要實踐道德，更要了解道德。比較起來，了解比實踐，尤爲重要。

我們對於一切道德行爲，一切道德行爲的標準，一切判斷道德行爲的標準，應該放大眼光，打破畛域，不論是新是舊，是中是外，所有道德的習俗，道德的學說，皆取得來做研究的對象，爲之一一判別其利弊，評定其價値。不一定捨己從人，也不一定強人就我，要看前後遞嬗的線索怎樣，遠近交通的行跡怎樣，總要加上一番人工，求自動的適合。

講到此處，就不能不認定研究倫理學的工作，是異常重要了。

以我短才淺學，勉強寫成這一部書，實在當不起『研究有得，著書問世』的這句話。可是，我平常對於倫理學，却也稍稍留心考察過一番，擔任講授都中各學校的倫理課程，歷時且已三載。當此社會紊亂，議論龐雜，舊道德完全破產之聲，新道德亟待建設之聲，洋洋盈耳，莫衷一是之時，更覺研究這門功課，比較什麼還重要。以我個人，略略涉獵，似乎也覺得有一些心得，因而也就不揣冒昧，假設一種主義出來，如本書最後一節所說的『創化的合理主義』便是。這眞不能不說是我十分狂妄了。

區區之愚，總還希望我親愛的師友及海內外研究斯學的同志，對於我這種狂言妄論，多多加以指正！

（五）

說到本書的編著，固然是取材於英國模爾海特之書——Muirhead——Elements of Ethics——較多，但此外參考他書，擷其精華，供我咀嚼，亦復不下十二餘種。書中羅列各種學說，加以討論，自信尙能中西並重，和近人專採西籍，有人無我的，不盡相同。平心而論，我國遠如儒道墨法各家的學說，宋明諸儒的學案，近如孫中山先生所特創的主義，實皆具有不可磨滅的精神，當然要取得來估計一番。即如我在本書內所研究的結論，假定出一種『創化的合理主義』，引證中庸一部書所揭櫫的『中庸說』，略加發揮，這並不一定是出於『敝帚千金』的心理，還是因他那理論，眞正精深圓滿，可以當得『名言不朽』四字褒語，可以算得是一種最高原理啊！

（六）

記得西人愛美爾生（Emerson）有兩句話說：『無論何人，皆是剽竊家，即如一所房屋，也是剽竊之作。』模爾海特也說：『我們說某人著書，固然不錯，看現在著書的人，往往自署其名於卷首，而但於序跋中述其所援據之古說。但是，就書籍的內容以言，則轉宜大書特書古人之名，而自隱其名於兩頁之角。』這樣說法，的確是不錯的。那末，如我草草寫成這部書，那裏還配說是著作呢？勉強說來，可以算做一種『讀書雜記』，或一種『研究彙錄』罷！

本書本來是匆匆寫成的，文字旣未大加修飾，章節行欵的配置，亦多不整齊，加以印刷之際，校對疏略，錯字落字，更所難免。這皆我對於讀者深抱歉仄的。

至於本書印刷時，始終幫我校對的，有同學友楊君廉波，妨害他的重要功課，替我做這無價値的工作，我眞是異常抱歉，而又是異常感激！此外復有同學友李君雲奇，趙君躍衢，同族江君伯虞三人，也曾替我盡過校閱或繕寫之勞。若替我謄寫淸稿的，則有表兄薛君雨生。至書面上的題字，是請我的老友章君南薇寫的。其他予我助力的，還有好友若干人。盛情厚誼，皆是令我感不能去心！書旣印成，用特附述於此，以誌不忘。

民國十四年十二月十一日瀧雲江問漁自叙於京寓補學齋

倫理學概論目錄

倫理學概論

灌雲江問漁編著

第一編　總論——關於倫理學的各種重要觀念

第一章　何為倫理學？——倫理學的定義

第一節　倫理及倫理學的釋名

『倫理學』這一個名詞，本是由日本傳來的。在中國『倫理』二字，合為一詞，初見於小戴禮樂記，——樂記上說：『樂者，通倫理者也。』鄭注解釋其義說：『倫，猶類也；理，猶分也。』這是指着倫類條理而言，並不含有人倫道德的意義在內。若是眞正把『倫理』二字，當作『道德』的意義講，可以說是後來的事，絕不與最初造字的本義相關。

現在可先把倫理二字分別開來說一說：『倫』字是从人，侖聲，見於許氏說文解字。(下面即簡稱說文) 若說到『侖』字的本字，又是从『亼』从『册』，許氏說文解作『思』。章太炎先生曾經說過：『編竹以爲簡，有行列䚡理，謂之侖』；而段氏注說文，也說：『聚集簡册，必依其次第條理。』可見『侖』字，實含有『條理』及『思慮』之意。如若加上『言』字作偏傍，則用爲論辨事理之『論』，加上『人』字作偏傍，便表明用在人事上的意思了。

許氏說文上又說：『倫，輩也；一曰道也。』段氏注上說：『軍發車百兩爲輩，引伸之，同類之次曰輩。』又說：『小雅：「有倫有脊」，傳曰：「倫，道；脊，理也。」論語：「言中倫」，包注：「倫，道也，理也。」按粗言之曰道，精言之曰理，凡注家訓倫爲理者，皆與訓道無二。』如此說來，『倫』字可以作『道』字解，又可以作『理』字解了。

『理』字本是从玉，里聲。許氏說文上說：『理，治玉也。』段氏注上說：『戰國策：鄭人謂玉之未理者爲璞，是理爲剖析也。玉雖至堅，而治之得其䚡理以成器不難，謂之理。凡天下一事一物，必推其情至於無憾而後即安，是之謂天理，是之謂善治，此引伸之義也。』戴東原孟子字義疏證上也說：『理者，察之而幾微必區以別之名也。』是『理』字最初本含有『剖析』，『分解』等義，後來人說『天理』，『文理』，『肌理』等，皆是由此引伸而來。

由此看來，倫字既可訓爲『道』，又可訓爲『理』；倫字是有次序等差之義，理字是有分析精微之義，也就可以明白了。又荀子上說：『倫類以爲理』，楊倞注便說：『人倫也。』孟子上說：『教以人倫』，注上便說：『人倫，人事也。』於此又可以知道『倫理』就是人類行動所必走的一條道路；走的時候，要有秩序，有次第，合乎條理。那末，可不是和『合理行爲』的意義，漸漸接近了麼？『合理的行爲』一語，自然也就含有『道德』的意義在內了。

繼此，可再把『倫理』二字和『道德』二字的關係及異同，略說一說：現在的人，說起『倫理』二字，幾乎認爲和『道德』沒有什麼區別，所以『倫理學』，也可以叫做『道德學』。『道』字和『倫』字同義，已如上文所說。至於『德』字，他的本字原是『悳』，許氏說文上說：『外得於人，內得於己也。从直心。』段氏注上說：『此當依小徐通論，作『內得於己，外得於人。』內得於己，謂身心有所自得也；外得於人，謂惠澤使人得之也。俗字叚「德」爲之，德者，升也，古字或叚「得」爲之。』因此，我們可以明白『道』是人類通常所行的道路，抽象的說，便是人類行爲必由的道路；『德』便是行爲的效果。『道德』二字，合爲一詞，當然是指『人類行爲，合於理，利於人』者而言。換句話說：也可以作爲『良善行爲』一語的解釋。

但是，『道德』二字，有時也可以認他作一個『中性』的東西，不一定就指着『良善行爲』。稱『道德』爲『善良行爲』的，原是一種通常的說法，若在學術上講，凡是一種行爲，可以和人發生利害關係，使人觀察批評以後，得加以善惡正邪之名的，便可以叫他做『道德行爲』。至於把『道德』二字分開來，在我國古書及通俗言語之內，認作中性，說他是可好可壞的，亦復不少，如道則有『正道』，有『邪道』，有『王道』，有『霸道』；德則有『吉德』，有『凶德』，有『美德』，有『惡德』。這些例子，也是顯著的很。

『倫理』和『道德』，既是意義相同，所以在學術上用起來，『道德行爲』，也可以叫着『倫理行爲』；『道德現象』，也可以叫着『倫理現象』；『道德判斷』或『道德批評』，也可以叫着『倫理判斷』或『倫理批評』。在單稱『道德』的地方，是作名詞用；若在『道德』兩字下，附以『行爲』，『現象』，『判斷』，『批評』等字，那就把他作爲形容詞用了。

倫理學一語，既是由日本傳來，日本又何以有這個名詞呢？原來他是特設此詞用以迻譯西文的。西文——英語——的『倫理學』，叫着『愛雪克司(Ethics)』。若從希臘語，考起他的語源，則知他所指的，是道德的品性之學。再考他的語源之源，則知『ἦθος』和『ἔθος』相連結，就是風俗或習慣之義。以英語譯之，則爲『愛滔司(Ethos)』。品性，是就一個人說的；風俗或習慣，是就一羣人說的。(但是，習慣也可就一個人說。)凡是研究一個人或一個民族的品性，風俗，習慣，便叫着『愛雪克司(Ethics)』。如此，我們也就可以明白他的意思了。

但是，就研究風習的方法上講，還有兩種不同的說法：就是一個專以證明爲目的，一個專以實踐爲目的。若是考察各民族在各時代的風俗習慣，一一記叙下來，如『歷史派的人類學』，及『叙事的社會學』，便是屬於前一類；若是專來研究人生的價值，用以指示人類處世的方法，便是屬於後一類。後一類，是由英語譯希臘人所說的『愛滔司(Ethos)』，就是現在所通稱的倫理學。原來這個名子，是雅里司多德（Aristotles）創出來的。因爲他是就『處世術』，加以研究，敘以條理，才給以這個稱號。

若就拉丁語考究『摩勒司（Moras）』一字的意義，知道他也是指着『風習之學（Science of Custom）』而言。在倫理學的舊名，曾叫着『道德哲學（Moral Philosophy）』；正是因爲拉丁語的本意，說他是『風俗習慣之學』，所以引伸起來，就有了『道德的習慣哲學』的意思。既稱『道德習慣哲學』，自然也就是人類品性的哲學了。至於『品性』二字之義，和『行爲習慣』一語的意思，更可以說是完全相符合。

就以上所說的看一看，大致對於『倫理學』三字的名義，總可以算明白一點了。此外還有要說的兩項：(一)倫理學和中國的所謂『禮』，是不是同一性質？(二)倫理學和中國的所謂『道學』，是不是同一範圍？現在可分別把他講一講

(一)人與人相接，應該怎樣，人與世相處，應該怎樣；古時曾經有人把各種接人處世的方法，一條一條規定出來。若是筆之於書，便叫做『禮制』；著之於令，便叫做『禮法』；傳之於人，便叫做『禮教』。因爲根據習慣，所以叫做『禮俗』。因爲是由行爲把他表現出來，所以就其全體言，則謂之『禮義』；就其一部分言，則謂之『禮讓』；專就一部分之形式言，則謂之『禮儀』。禮之最初起源，是由於宗教儀式，次之則演爲習俗，再次乃著爲典制。他的範圍甚廣，凡是一切人倫人事，皆可包括於其中。古人曾有『禮即理』的一種解釋。小戴禮仲尼燕居篇上說：『禮者，謂有理也。』管子心術篇上說：『禮也者，理也，理之所不易者也。』照古書所說的看來，禮理二字，意義却是互通。理是出於自然，禮多由於人爲。人爲本是由自然推演出來，根本上誠然沒有什麼區別，但是，進行既久，就他現象上說，總不能不分出一些界限。現在依我個人意見，可以下一個假定說：『倫』，『理』，『道』，是指人類行爲的自然規律合於善者而言；『禮』，是指人類行爲的人爲規律合於善者而言。前者是無定的，後者是有定的；前者是存於習俗的，後者是著於典章的；前者是近於實質的，後者是近於形式的；前者是近於抽象的，後者是近於具體的；前者是不成文的，後者是成文的；前者是由一代一代經驗集合成功的，後者是根據以往經驗，並當時政治及社會狀況，酌量造成的。既然造成了一種『禮』，總是認爲能適合時宜，能夠做支配當時人類行爲的工具；至於這種工具，是否能用之千萬年而不敝，那就不敢說定了。

在古時評論人的行爲，皆是以『禮』爲標準。是的和善的行爲，便說他是『知禮』，『合禮』；不是的和不善的行爲，便說他是『非禮』，『無禮』，『違禮』。一直到了現在，還是如此。大概除了最少數高唱『禮豈爲我輩設？』的清談先生們外，可以說沒有一個人不是受『禮』的威權所束縛。究竟『禮』在那裏呢？當然是一部分存於古籍，一部分著於社會。古籍不能人人皆讀；可是，有老輩的教訓，輾轉遞傳，古籍的效力自在。社會是我們生活的大廣場，一日不能與他相離；離不了社會，便是離不了禮俗。就一個社會說，是由禮上演成習慣，就一個人說，是由禮上鑄成品性。這樣看來，『禮』究竟又是什麼東西呢？若認他是風習品性，便是倫理學所研究的對象，還不能算是倫理學，因爲倫理學是取風習品性來討論研究的。若只說『禮』，便是專指歷代相傳下來的人類行爲規律而言。倘若取人類行爲規律，加以討論研究，自然當中有一部分可以入於倫理學範圍。(其他部分，應歸入社會學及政治學。)所以僅僅說『禮』，則只能認他是倫理學的材料，絕不能認他是倫理學。

(二)再講『道學』：『道學』二字，本是宋儒創出來的。若溯起他的淵源，是和漢以後的道士派的道教，確有些密切的關係，因爲『道學』之名，是從道家道士道教輾轉遞變而來。不過這是哲學史上的問題，我們現在可以存而不論。如若把道學之『道』作『道義』講，作『道德』講，便可稱爲「道義之學」，或『道德之學』。那末，也就幾幾和倫理學具有同一的性質了。可是，我們看一看宋儒所講的學問，大致是屬於哲學範圍。哲學當中，雖然含有一部分倫理學在內，却不能說『道學』就是倫理學；因爲他們的範圍，畢竟有點不同。

第二節　倫理學的對象

關於倫理學名義，在前節，已經講過了一些，現在可把他應研究的對象，再分別開來說一說。倫理學所講的，是道德，是倫理；究竟這道德和倫理，是從何處表現出來的呢？表現出來以後，怎樣能對他下善惡判斷呢？下善惡判斷，是根據甚麼東西呢？現在暫且粗略的講一講：

第一，倫理學的對象，是人類行爲。　自然界一切生物，可說是皆有行爲，——草木能開花結實，動物能吸收食物，繁殖子孫；其高等的如牛馬貓狗，也有感情的表現，且能受人類訓練，助人類工作。但是，這種行爲，不能認作倫理學研究的對象。倫理學所論究的行爲，當然是只限於人類，而不及其他。

第二，倫理學的對象，是人類社會的行爲。人類如是離羣獨居，雖有行爲，也不能發生何種影響，負有何種責任。故必以社會行爲爲限。

第三，倫理學的對象，是人類社會的道德行爲。所謂道德行爲，就是有意識的行爲，負有責任的行爲。因爲人類行爲有許多種，——如呼吸消化血行……等，是生理的行爲，是純粹盲目的行爲，和其他動物一樣。如衝動及本能的動作，有時非吾人所能自制，是屬於心理的行爲。這種行爲，雖非純粹盲目，但和有意識的行爲，却不能一樣。若是思想判斷等，則屬於心理上有意識的行爲。此種行爲，是自己可以自覺的；既和先天的本能有異，亦和後天的反射運動迴殊，當然負有行爲上的責任。既負有行爲上的責任，自可加以善惡的批評。所以對於幼兒老人和病者，所發的行爲，往往認爲不負責任，也就是因爲他的行爲，非出之於意識。無意識的行爲，即非道德的行爲，自不在論究之列。

第四，倫理學的對象，是人類社會道德行爲的標準。要論究人類社會的道德行爲的善惡，自不可不懸出一種標準，以爲論究的根據。此和計量物體輕重，須有一定的權度，是一個樣子。這個標準，自不能不在論究之列。

第五，倫理學的對象，是人類社會道德行爲的理想標準。所謂標準，是異時不同，異地不同。古以爲善，今未必不以爲惡；此以爲是，彼未必不以爲非。絕無一種千古不易之定理，亦絕無大地皆同之定則。全憑學者的靈敏頭腦，根據種種方面，加以觀察，加以考慮，定下一種標準。這種標準，說是由個人自由定的固可，說是應了時代、民族、地域的情勢定的也可；

絕不能和國家法律及政府功令一樣。有時儘管各人所說，互有出入，現世未必即能實行，但是他的價値自在。因爲這種標準，是由富於思想的學者所主持，他絕不肯囿於目前的風俗習慣，——進步已遲鈍的風俗習慣，必欲於現在通行的道德標準以外，更求理想的標準，以期滿足人類最高的願望。不能實踐於現世，亦可發揮於未來。這種理想的標準，自然也應該加以研究。

繼此可再分析起來，較爲詳細的講一講：

第一，旣要論究到人類行爲，則行爲由何而成，他的要素是怎樣，凡是心理方面——精神方面——和行爲有關的一部分，皆不能不加以詳密的解剖。如意志，是行爲的要素了；而意志的內容是怎樣呢。動機啦，品性啦，他們的界限是怎樣呢；他們各方的關係，又是怎樣呢。有時還要涉及哲學的範圍，論究行爲及意志的根本是怎樣；涉及生理學的範圍，論究由動物進化而來的人類行爲及意志的發展，又是怎樣。愈分愈細，愈析愈精。無論他的題目，如何小，如何微，總不能不說是倫理學的對象。因爲非把這些極小極微的問題，考究明白，得了一個結論，不能知道人類行爲的原理所在。

第二，既認明人類道德行爲，是判斷善惡的對象，那末，這種行爲，當然是和人羣——社會——方面，發生利害關係的了。我們要問一問：究竟個人和社會的關係，是怎麼樣子呢？人的行爲的根本動機，還是利己的方面多呢？還是利他的方面多呢？這是不能不論究的。又判斷行爲的善惡，必根據一種道德知識，究竟這種知識的來源是怎樣呢？性質是怎樣呢？這也是不能不論究的。

第三，既要判斷道德行爲，必首先明白判斷的形式有幾種，各種形式，由何搆成，他的搆成的來源，是怎樣，發展的途徑，是怎樣。

第四，判斷道德行爲，不可不立標準。標準之立，皆是依據人類行爲的內容及現象。可是，有偏於理知的，有偏於感情的，因此所說就不免各殊。有注重行爲動機的，有注重行爲結果的，因此所主也就不能無異。究竟是那一種標準，說的對呢？有沒有其他學說，來調劑他，來補助他呢？皆是不可不加以精密的討論。

第五，判斷道德行爲，立下一個標準，總要找出一個最高尙最普偏最完美的鵠的，才可以使人一致趨赴。這個鵠的，籠統說起來，自然是『至善』。但是，『至善』的性質，是什麼樣子；『至善』之形式，又是什麼樣子。我們要達到『至善』，應該用什麼方法，取什麼途徑。因此關於實際問題，也不能不加以討論。

第六，最初我們人類對於道德——風俗習慣及好人品性，只有尊重，只有仿傚。後來知識發展，社會發展，除尊重仿傚外，還有疑問發生，因而就成了問題，遂繼之以研究。這是由道德術進而成道德學的一種必經階級。

（此層待到下文再爲詳說，此處暫且從略。）待到對於道德上各種問題，分析得愈精愈細，愈小愈微，自然而然的，就要發生到兩種根本問題出來：（一）道德這樣東西的自身，是不是有變化的呢？再進一步，道德這種東西，是不是有標準的呢？我們的人，配不配替他定標準呢？（二）做道德行爲的主體的人，是不是可以樂觀的呢？講到此處，已漸漸的脫離倫理學範圍，當然倫理學不能負這種解决的責任了。但是，爲嚴守倫理學的壁壘起見，也不能不替他下一個界說。因此，我們就倫理學所有的對象，可以把他判成三個階級：

（甲）第一級，『倫理術』或『道德術』　這是專注重力行的學習的一方面。不必求其原理所在，不必評論前人所定道德標準之合否，讀古人之書，率師長之教，聽時賢之論，既不必羅列其事實，詳加比較，作歸納的探討，也不必自作主張，設出假定，用以批評，作演繹的論斷。但是，平常所用常識的批評，却也不能沒有。如若是就常識加以整理，加以論究，便已步入『學』的門徑，而跳出『術』的範圍了。

(乙)第二級，『倫理學』或『道德學』 此則專以論究爲目的。對象是由廣而狹，由粗而精。但是，他的根據，是離不了『術』，離不了『常識』，而其歸結，則仍回到力行——做人的方法——的一點。所以由術以入學，又復由學以返術，也就是由常識擴充而成學，因學而常識的程度，乃益形提高。

(丙)第三級，『倫理哲學』或『道德哲學』 用歸納之法，作單純研究，是爲倫理學或道德學。這是屬於科學範圍的。如若加入個人一部分的理想的演繹，則所用方法，已不是純粹的歸納。根據最高的概念，把倫理道德的對象擴大，認爲與宇宙全體現象有關，作綜合的討論，則研究的範圍更廣，至此，更不能再說他是『倫理學』或『道德學』，應該稱他爲『倫理哲學』或『道德哲學』了。既然把倫理學的對象，特別擴大，則討論人生行爲問題，自然也就特別擴大；所以近來有人主張叫做『人生哲學』，也不能說他沒有理由。

第三節　倫理學的界說

在前兩節內，一是說明倫理學的名義，一是說明倫理學的對象，似乎對於倫理學的定義，已明白一多半了。現在可順序再說一說他的界說。自來對於倫理學所下的界說，却也很多，今可列出九種，略加批評，最後可再由個人提出所假定的一種。

（甲）說：倫理學，是研究人類風俗習慣的學問。　這本是最古的說法，在西洋古代希臘已是這樣。可是，只言風俗習慣，範圍尚未能劃分清晰，容易和社會學，政治學，歷史學相混。

（乙）說：倫理學，是研究人類品性的學問。只言品性，範圍未免失之太狹。

（丙）說：倫理學，是研究人類本務的學問。　人類行爲，本極繁雜，當然不能僅以本務爲限。其失與(乙)說同。

(丁)說：倫理學，是研究善德的學問。　只言善德而遺其他，其失亦與前說同。

(戊)說：倫理學，是研究人類行爲的學問。　此說就表面上看去，自然是很對；但倫理學的目的，不能僅以求出行爲原理爲限，況且就另一方面說，又嫌其失之太廣。

(己)說：倫理學，是研究道德的學問。　此則失之意義不明，幾乎等於未下界說。

(庚)說：倫理學，是研究人類理想行爲的學問。　此亦嫌其太寬泛，太無界限。須知理想行爲，有時也可以出於道德之外，僅言理想行爲，當然不能算得是倫理學的界說。

(辛)說：倫理學，是研究道德判斷的學問。　此說比較可用。但是，又稍稍嫌其過於重視批評，輕視實踐。

(壬)說：倫理學，是研究道德事實和不道德事實的學問。此說也是重視推究道德行爲的善惡，以期立定判斷的標準，當然比較可用。惟仍嫌其語義不明。

現在試折衷羣言，定出倫理學的一個界說如下：

『倫理學，是論究道德行爲的根本原理，辨明道德判斷的最高標準，定出至善之鵠，以期達到最圓滿的做人目的。』

本來人類生在世界，惟一目的，就是爲着做人。但是，不僅以穿衣吃飯睡覺養兒子，就算盡做人的職分，必定於自然生活，物質生活以外，還要圖精神生活的發展。精神生活當中，最重要的，便是道德生活。道德生活，本來是我們人類所共有，就是在那些文化極低的民族，也不能說他沒有道德生活的存在。不過他只能順着自然趨勢，讓道德生活，慢慢的發展，絕不能用人爲的工夫，使發展的速率增進。文明人因爲有知識，有學問，便能以人爲的方法，促進道德生活的發展。人類所以可貴，就是在這一點。美國學者杜威（Dewey）說：『道德就是學，就是生長（Growth）。』這就是說：人類精神生活，本是生長不絕的，道德也是生長不絕的。一面學着，一面長着，學無窮，長亦無窮。現在能把他學的方法，學的原理，長的方法，長的原理，一一研究出來，則學的更可以省事，更可以精巧，長的更可以迅速，更可以端正；如此則人之所以爲人，與夫道德之所以爲道德，價值便更可以顯著，更可以增高。因爲吾們所希望做的人，不是一個平常的人，是一個好人，并且是一個最好的人。

現在試就前面所下的界說，略爲伸說一下：道德行爲，本來是我們所固有的，我們平常也不是沒有學過的；可是，還要明白他的根本原理所在才好哩！判斷道德行爲的知識，我們平常也不是沒有的；可是，還要明白他判斷的方法和標準所在才好哩！爲什麼要知道行爲原理呢？爲什麼要知道道德判斷的方法和標準呢？實在是要爲我們人類，找出一個做人的目的，以便去努力追尋。我們人類行爲，本是受時間限制的，本是受地域限制的；可是，要得着一個最圓滿的人類精神生活，做一個最妥協最完善的人，就不能不有一個至善目的，做我們人類行爲最後的標準。倫理學，本不是爲一時之人講的，也不是爲一國之人講的。研究的主體，是一個人，研究的對象，也是一個人。倫理學的目的，是爲着做人，是爲着做一個世界上堂堂正正的人，做一個千秋萬世，精神永久不死的人。

第二章　因何而有倫理學？——倫理學發生的原因及其發展的途徑

既然知道倫理學是什麼東西，則『何爲倫理學？』的一問題，可以算得勉強解决了。繼此，當研究『因何而有倫理學？』的問題。要解答這個問題，應先問『道德是怎樣發生？』然後再問『道德學是怎樣發生？』因此本章特設五節，分述如下。

第一節　道德與生活需要的關係

人類既有『生』，便要希望『活』，人類在世上一切行爲，實皆爲着生活而設。普通所指爲事業，所指爲文化，可以說，皆是應着生活需要，逐漸發生，經過歷代積纍，乃始搆成種種方式，種種現象，種種心習。茲試簡單的說明一下：

飲食男女，宫室衣服，是爲物質生活的基本要求。人要遂其要求，自不能不賴乎智識。智識發展，理性漸著；因而一方面能改變原要求的形式，由簡單入於複雜，由卑陋進於高尙，一方面又能由舊要求中發現出新要求，以形成人類各種特有的目的。畜牧耕種工商交通等一切經濟生活，是由飲食的需要而起。建築裝飾等一切美術生活，是由宮室衣服的需要而起。由男女戀愛而成配偶，由配偶而生子女，有了子女，便有保護教育的方法的需要。於是乃組成家族，擴成國家。（國家搆成，却不是僅由家族擴大的一種原因。）有家族，便有夫婦父子兄弟。有國家，便有君臣主僕。結合團體，公營生活，利害公通，共謀趨避，便有超出家族和國家以外的社會，便有超出夫婦兄弟父子君臣關係以外的朋友。欲維持家族國家及社會的安寧，欲增進家族國家及社會的福祉，便有慈愛，孝友，忠信，禮讓等種種道德的條目發生。試溯其淵源，殆無一不是由物質生活，進而成精神生活；由肉體活動，進而成心理活動；由個人行爲，進而成羣衆行爲。其在心理方面，則有驚疑，有欲望，有辨識，有記憶，有聯想，有情感，有思慮；其在行動方面，則有利害衝突，有人我猜忌，有前後繼續，有彼此仿傚。因此乃創神話，立宗教，結契約，定刑罰，興制度，創文學，傳授智識，運用思想，分別是非。於是遂由動物性的人，演成有理性的人；由縱欲自利的人，演成節欲利羣的人。至是乃有所謂『道德的理想化（Moral Idealizing）』和『道德的社會化（Moral Socilizing）』的現象發生。

理想的道德，是出於『知』；社會的道德，是出於『情』。出於『情』的，必待『知』而後才能開展；出於『知』的，必待『情』而後才能發育。二者本是息息相關，互相聯系的。現在試就人的本性上，考察一考察道德的由來，究竟是怎樣：原來人類天性當中，是具有『愛』和『憎』的兩種根蒂，『愛』爲迎力——吸收，力『憎』爲拒力——排斥力。此不獨人類爲然，就是其他下等動物，亦復如此；不惟下等動物爲然，就是植物和無生物，亦復如此。蓋非具有吸收力，無以自保其體質的生存；非具有排斥力，無以自保其形體的位置。（章太炎先生在他的原性一篇文章中，說得最精透，最完善，可以參看。）人類既因具有此兩種根性，於是發展起來，便是一爲慈愛之德，一爲禮智之德。前者是屬於『情』，後者是屬於『知』。由情而發，便是『仁』，由知而發，便是『義』。可是，這皆是就好的善的一方面說的。如若發達的不好不善，屬於愛的情的，也可以爲貪吝，爲自私；屬於憎的知的，也可以爲飾僞，爲奸詐。清儒顏元作文推論孟子性善之理，說得非常明白。可知人類根性中，確係具有可爲道德行爲的可能。惟因人性同而發展不同，於是乃有不道德的行爲發現。又因爲有了不道德，才可以顯明出道德。後世哲學上主情主知主義之各殊，也就是因爲觀察人性，各異其點。此層待到下文，當再隨題講明，現在恕我不能詳說。

倘若人類不具有愛憎兩種性根，可以說，生活需要，必無由發生，所謂羣居的公同生活，亦即無由經營；縱能勉強經營，亦必不能發展而成理性。（如下等動物）試專就人類羣居生活一點上說：我們可以認定羣居一件事情，是供給生活需要的必要條件。由無意識的羣居生活，漸達於有意識的羣居生活；由自然生活，漸達於道德生活；其間必經過若干階級。我們試想一想，在這個進化階級當中，究竟用那種方法，來做演進的樞紐呢？依我個人看來，似乎有四種：

（一）結團以自保——這是因爲人和一切自然相爭搏，一切動物相爭搏，一切非同族非同種的團體相爭搏，不結團則無以自保。結團自是生活的必要。

（二）尊神以自慰，並畏神以自警——初民知識闇昧，對於一切自然物，皆認爲有神主持。已死的祖宗和一族一羣的特出豪傑，皆認爲他是精神不死，永久存在。有困難，可以祈求他，代爲解除；有罪惡，亦必祈求他，設法赦免。有尊神的一種觀念，便可以得着許多安慰；有畏神的一種觀念，便可以有了許多顧忌。一家之中，一國之內，皆有一個主祭人，作神的代表。所有制度法律，也皆是由這個神的代表，陸續制定。

(三)節欲以互讓——你爭我奪，擾亂不休，結果不免兩失而無一得。因此乃發生覺悟，互相退讓，各人節制一部分的欲求，轉可以彼此各有所得。此乃是順着自然趨勢，以適應生活所必需。

(四)結約以免爭——此和節欲互讓的精神，根本相同。不過爲彼此互相拘束起見，不能不作一種形式的表示；并且爲防杜詐僞狡賴，其勢也不得不如此。

以上四項，皆是羣居生活所不可少的方法。即如法律的制定，也是根據這四項方法，並且是爲維持這四項方法而設。

蓋必有羣居生活，乃能產生道德生活；亦必有羣居生活，乃能產生理知的道德生活。若溯其由來，皆是爲保持生存在的目的而起、皆是爲適應生活的需要而起。至於道德根蒂，早已伏於人類性根之中，也是經過若干歲月的演進，才能漸漸的發榮滋長。

第二節　道德觀念的養成及行爲標準的認定

因爲適應生活的需要，乃有道德生活發生。久而久之，凡是在羣以內的各個人，所有行爲，大家皆能知道對於羣的利害關係，如何密切。如行爲對了，大家就一齊起來獎賞他，說他是利羣的善人；如行爲不對了，大家就一齊起來排斥他，說他是害羣的惡人。羣有大小，一個家族，算一個羣，一個國家，也算一個羣；國家之下，家族之外，一村一市，也是一個羣；甚至臨時結成一團，向共同一個目的去進行，也不能說他不是一個羣。章學誠說過：『三人居室而道形』，『道』就是道德。因爲有了三個人，同居一室，自必要早晚啓閉門戶，飲食取給樵汲。既非一身，勢須分任；或者是分司其事，或者是番易其班，而均平秩序之義已出。因爲不能保其均平，守其秩序，則雖以最少數的三個人，亦復無同居之可能。三個人已算是極小的羣了，推而至於十人百人千人，也是如此。（演述章氏原文大意，見文史通義內篇原道上）羣愈大則利害關係愈複雜，同時獎賞和排斥的效力亦愈宏。主持國家的君主，則根據大多數人的好惡，以定制度，定刑律。（這就是章學誠所說：「聖人學於衆人」的意思。）一羣中的老輩，或知識較高的領袖，則造出種種格言明訓，以詔示後人。因而就明明白白的指示出來，說那些行爲，是正的，好的，善的，應該去做的；那些行爲，是邪的，壞的，惡的，不應該去做的。同時君主的權力，家長的權力，神的權力，社會長老的權力，聚攏在一塊，除去表示於法律言語以外，遂造成了深厚的風俗習慣。風俗習慣，入於人人心中，便成了道德觀念。

道德觀念，可以分析作兩種要素：一屬於『知』，一屬於『情』。平常對於自己或他人有一種行爲，一爲留心，便知道對與不對，或是自語，或是告人，說這是善行，這是惡行，這是應爲的事，這是不應爲的事；同時也就起了一種讚賞或厭惡的感情，欣喜或悔恨的感情。

人人有了道德觀念，自然無形之中，就有了公認的行爲標準。這個行爲標準的認定，却也要經過若干年的變化，若干年的演進，才能由浮動性變成固定性；由羣衆共通的要求，演成普徧的習俗；由言語的表示，制成一國家一民族的法規。其屬於積極的，則爲獎章，屬於消極的，則爲禁例。指出條目的，則爲仁義禮智，忠孝節義。各種事業，則本此以進行發展；各種文化，則本此以聚集擴充。至此而人之所以爲人的價值，才能顯著。一羣之中，乃有所謂聖賢豪傑仁人君子出現。一班聖賢豪傑仁人君子，就是道德觀念中所指示的標準，也就是人類行爲的指南針。什麼是本務，什麼是責任，什麼是善惡是非的準則，一時大家也就皆能明瞭，皆能體會了。

可是，論到道德標準，其間也不無變遷，因變遷才能發展，才能進化。就大類分別起來看，可以說：第一步，是他律的，第二步，是自律的。

先就他律說，又可分爲數類：(一)是神權，(二)是父權，(三)是君權，(四)是自然。爲善神必佑，爲惡神必罰，承認神有左右人類行爲之力，所以人的行爲，皆以神意爲依歸。父爲一家之長，君爲一國之長，可以代表神權，並認他爲神權所遞嬗。君親之所是，無不是，君親之所非，無不非。一家有家法，一國有國法；家法國法之所示，就是人類行爲之標準。推而廣之，社會有長老，有師保，其一言一行，皆當仿傚。至對於『天』，則最初是認他爲有意志的，繼而人智漸啓，理性漸著，則又把有意志的天，變成無意志的天。但是，仍承認他是一個大自然，雖無意志，却具有極大威權，吾人行爲，也不能不受他支配，依他爲鵠的。總以爲順乎自然，一定要受賞，反乎自然，一定要受罰。人類旣然經過宗教的沐化，君親師長的訓迪，國家法律的裁制，自然思想的陶冶，蒸爲習俗，鑄爲法典，則他律的道德標準，自然就深入人心而不可拔。

以上所說，皆是屬於他律方面的。但是，人類畢竟是理性的特殊動物，他的心思知辨，可以隨時擴充；他律的標準，終不能認爲滿足。於是乃有「自律」繼之以起。

再述自律：自律之興，先認明有『自我』的存在；自我存在，由於自覺。因此對於道德標準的認定，乃不求諸外而求諸內；不徵諸法典格言，而徵諸個人理知；不驗於天，而驗於人。到了此時，倫理學說，已經逐漸發生，且已經逐漸開展。或則專注意於一己之居心，或則專注意於社會之福祉。再加以其他學術，同時發達，直接足以助倫理學的成長，遂使道德標準之認定，因時變易。於是不僅專重內省，並且求內外兩方相聯合。所有昔時神君天的威權，至此且將無形打破。如所謂個人的理性，個人的人格，個人的行爲動機，個人的行爲結果，社會羣衆的利益，皆可以搆成道德律而有餘。並且有同一標準，因變遷進化，而使其內容意義和價值，日益豐富，日益新穎。固然有些現在尚在蛻化進行之中，但是，道德標準，由他律進於自律，由單純的自律，進於內外聯合複雜的自律，則確已具有顯著的形迹。這就不能不說是受學說之賜；而社會進化，人智進化，實亦爲其主因。此處不過僅言其大略，待到下文，當然還要作詳細的討論。

第三節　倫理問題的發生及倫理學說的發展

當人類行爲，粗粗有了固定標準，則維持生活，已具有適當方法。那末，倫理問題，又何由而發生呢？倫理問題所以要發生，大概是因爲社會不能不進化，人智不能不發展的原故。觀於前節，已可知其大概。茲再詳爲一言：(一)道德觀念，和道德習慣，皆是因時搆成的。可是，時有今古，今日和異日，不能相同；地有遠近，此處和彼處，也不能相同。人類雖有極大威權，不能使日月不遷流，不能使異地不交通。(二)則人類物質生活，和精神生活，總是要發生變化的。欲求既日形發展，知能也日形發展，時時挾着『不滿足』的心理，向前進行。因爲不滿足，所以才要求滿足，滿足的目的不能達，心境上便起了不安寧的心象。道德習慣，本具有解決困難的，安靜疑慮的效力和功用；但是，有時他竟退處於無權地位。如以前判別他人和自己行爲的是非善惡，大都專以合法與否爲斷，只求表面上和一定條規相符，可不問及行爲者的心地怎樣。到了後來，知識漸啓，文化漸高，異地互相交通，彼此有了比較；於是就能運用理知，來評衡人己行爲的價值。因而就隨時隨地，發見出舊習慣舊標準中，有許多矛盾及缺點。至此則倫理上種種困難，和種種問題，乃遂應之以起。茲試述其最要原因三種如次：

(一)偶然事實和確實理由相衝突　在舊時社會所定出的種種條規禁例，多是爲一時偶然的事實而設，大概出於無意識，但行之既久，居然能成爲道德法律。後來人智漸進，乃覺得與確實理由，相去甚遠，譬如視牛馬爲神聖，視異族若牛馬，習焉不察，竟成風尙，可謂不合道理極了。就是如吾國古代禮經所規定，也大都有條文節目，而無一定根本原則。在簡單社會，還能勉強適用；到了文化演進，人事日繁，自然就覺得瑣碎支離，束縛太甚，時時令人感到削足適履之苦，總想找得一個適當方法，用以代替。激烈一點的，甚至想把他根本打消。

(二)雜亂條規和道德原則相違反　最初所有陳規舊例，皆是隨便設立，各種條目之間，當然沒有什麼合理的連絡。久之，人智日進，便漸漸知道互相扞格，不能相通。如爲子當孝，爲臣當忠，自是一種不易的規律；但是，到了忠孝不能兩全之時，就覺得彼此衝突了。又如不說謊話，也是一種不易的規律；但是，到了『其父攘羊』之時，或對病人問以自己病狀之時，就覺得不知何所適從了。其所以然的原故，皆是因爲沒有最高的道德原則，以資統御。在篤信舊習的人，不問條規亂雜與否，仍是一味篤守；而在知識開明的人，就不能不認爲有困難問題發生了。

(三)違心的態度與個人品格相齟齬　歷代相傳下來的陳規舊律，皆係一種外來的強力，迫脅人類，使之不能不遵守，不敢不服從。實則陳規舊律，已多不合；而在國家方面，社會方面，仍然肆其歷史的威權，逼着行爲主體，勉強去做。在行爲主體，明知其不合，但因爲力薄不足與抗，也就只好低首下心，自卑品格。畢竟違心從法，終不能持久，自尊個人品格之心，和勉强合法之心，還是要兩相搏戰，非決定一個勝負不可。如此，則倫理上種種困難問題，更覺層出不窮。甚且因此釀成社會擾亂，也說不定。

總之，倫理上問題發生的原因，『心』與『物』兩方皆有。物的方面，是社會進化，組織亟待改良；心的方面，是知識開明，理性佔有勢力。

既認爲有困難問題發生，自然就要憑着個人的思慮知能，去謀一個適當的解決方法。可是，此時一定有篤信舊有規律的人，和厭惡舊有規律的人，作極相反的主張。就哲學史上看來，無論中西，皆是一個樣子。在性愛保守的人，既覺陳規舊律，流弊百出，但又不肯完全將他改革；於是乃取補苴罅漏的手段，以應付時勢，圖生活的安全。大致他的方法，不外兩種：

(1)是『修正』——如定出『經權』的說法，使舊有的板滯規律，得着伸縮活動的餘地。當事處兩難之際，還可擇一以從。因此舊有的，仍然不失其本來效力，而新加的，亦可適應於實際生活。

(2)是『立綱』——還有一個方法，就是在許多不相聯合的陳規舊律當中，特取出重要的一個，以爲總綱。有此總綱，便可以統攝其餘各目。既能執簡御繁，且覺有條不紊。

這兩種解決方法，用意却也未嘗不善，同時對於應順生活，維持生活，也未嘗沒有相當的效力，可是，總嫌其有一點不澈底；因此就有一班主張破壞的人，起來大唱澈底改革之說，以期求出一種新倫理新道德。標準總想另定一下，價值總想另估一下。到了此時，倫理學說，乃始漸漸發展起來。愈辨論則範圍愈廣闊，愈研究則理想愈精密。可以說，人類自有文化史以來，倫理問題，是隨時不斷的發生，同時倫理學說，也是隨時不斷的開展。

以上所說，關於倫理問題發生的原因，及倫理學說的發展，總算已經有了一個大概。現在可再把問題發生的態度略講一講：

據英國倣阿海特(Muirhead)說：

國民進步的階級，得分之爲三時期：第一，爲國民道德的習慣搆成時期，此與個人兒童期相當，是爲教育時期。第二，爲行爲時期，此與個人壯年期相當。此時期內，國民內面所有權利勢力，已漸漸得其平均。從表面觀之，這種平均之象，表現於外的，不外各階級的調和，憲法的成立，利益的平允，社會安謐，不相衝突等數種；自內面言之，則國民的道德性質及道德習慣，其種類及程度，皆有進於完成之勢，而足以供日常生活之需要。所有實踐上的習慣，在前期中尚未堅固的，到此期，遂成了一種傳說的道德系統。其道德的格言，散見於有名書籍之中，又可爲國家及宗教制度的基礎。所以說此期爲行爲的時期。在此期中，國民之勢力最盛，而其所成就的也最多。內訌既息，國民且得以伸張勢力於外。於是反省時期，亦復繼之以起。本來國民勢力平均，乃爲第二期的特質；至第三期，因新勢力發達，而轉失其舊時之平均。其最著的現象，則知力的進步，與國民經驗俱增。

這又是勢力外溢時必然之結果。於是工業上，美術上，哲學上種種新勢力接踵而興；非排除舊習慣舊制度舊學說，則不能於國民生活中各佔其位置。於是時代精神乃與形式相反對，而知力上，及政治上之紛亂以起。疑惑，糾紛，猶豫，皆是這個時代的特徵。道德的法則，社會的制度，國家及宗教的根柢，皆岌岌乎有墜地之勢。這個時候，個人只有兩條道路可走：一是充耳閉目，不聞不問現在的衝突情形怎樣，惟有求息肩於古代的信仰。一是突進而達於新的一條革命路上去，以求創造成一個新局面。舍此二者以外，可以說別無他途。但此不過是一時之事，所有知力上及道德上發現出叛逆行爲，亦只爲求新問題之解釋，別無其他意義。於是在此時代之中，未幾也就有一種新倫理學說出現。對於過去的道德，既不肯盲目的信從，也不肯盲目的推翻，必進而求其所由來與其意義；既不懾於懷疑的攻擊，也不顧傳說派的需要，惟一從彼等研究進行之途徑。蓋彼等的疑惑，更深於『懷疑論』；何以呢？因爲懷疑論的結論，彼等也不能無疑。彼等的忠實，更深於『傳說論』；何以呢？因爲彼等深知傳說的勢力，尚能存在於今日，其中必具有眞理的原因。

他所說，大致是不錯的；就是查一查中國歷史上的事實，與之比照，亦復大同小異。不惟本着一個個人看，由小至壯的情形，固是如此，就是一個國家，一個民族之內，因人民教育程度不同，知識程度不同，其對於道德上所認的標準，所持的見解，也復各有所異。——有的是仍和小孩子一樣，各事皆受外來的勢力支配；有的漸漸發生懷疑，但仍不敢詳述理由，起而反對；有的是已經能本着一己見識，參酌以往情形，自立標準。

大概說起來，人類知識，一定是向前開發的，社會狀況，一定是向前進化的。由簡趨繁，由暗趨明，由粗趨精，是一定不可移易的公理。草昧之世，民智未開，生活單簡，本是一切平等的。後來生活日趨繁雜，財產私有制度，也成立了；男女界限，也分開了；君臣主僕的身分，也確定了；勇弱智愚的能力，貧富貴賤的階級，也距離日遠了；是非正邪善惡的標準，也分劃清楚了。這種由平等進而至於不平等，自然是文明進化的現象，無可懷疑。可是，因爲不平等，而種種困難，種種問題，又不免由此產生。世上有了善人，就有不善人，和他相對待。我們能不能用特殊方法，把惡人剷除呢？老子曾經說過：『聖人不死，大盜不止。』他以爲世上有了聖人，才能分別出大盜；若根本沒有聖人，大盜自然也就沒有了。可是，如老子這樣主張，希望把聖盜界限，一齊消滅，實在是不可能的一件事；而且也大悖於人類進化的原理。但是，世上何以有惡人呢？是不是和社會組織不平等有關係呢？如若研究起來，知道他和社會組織有關係，或是，和不平等的組織有關係；那末，也就不能禁止一般有學識的人，好研究的人，發生由不平等改成平等的希望和主張了。現在我可以冒昧說幾句：社會文化的構成，是由平等進於不平等；社會文化的增進，又復由不平等進於平等。至於由不平等進於平等時，其間却又可以分出五種階級：

第一，是法律平等——最初的法律，本是由君主代表神權造成的，當然有『刑不上大夫』的說法。可是，後來文化日進，居然也就能造成『王子犯法，與庶民同罪』的局面。至此一切人民，無論他的身分怎樣，站在法律面前，總算是一律平等了。此爲第一步。

第二，是教育平等——最初只是官府有學，人民無學。繼而漸漸進化，也還是貴族有學，平民無學。到了後來，國家以平等眼光，施行教育政策，居然一切國民，皆能享有受教育的權利。此爲第二步。

第三，是政治平等——教育平等的結果，自然是教育普及。到了教育普及，人人有知識，即人人有能力，自然就要問到國家大政了。『朕即國家』，進而成爲議會制度，再進而成爲普通選舉，自是必然的趨勢。此爲第三步。

第四，是經濟平等——可是，教育雖然能普及，政治雖然人人能過問，但因社會上貧富不均，受高等教育的，還是富家子弟，無產無業的人，子弟雖能入學讀書，究不能升入大學。並不是窮人家的子弟，一概是不聰明，不够升學；祇以困於經濟，不能遂其深造之望。這豈不是人類中一件大大的可痛心的事麼？還有一層，因爲經濟制度組織不良，乃有資本與勞工兩種階級的衝突。在西洋，這種衝突，日形緊迫，已漸漸到了短兵相接的程度。就是在中國歷來政治家和詩人所太息而言的，又豈在少處？孟子說：『庖有肥肉，廄有肥馬，民有飢色，野有餓莩。』杜甫詩上說：『朱門酒肉臭，路有凍死骨。』（古今詩人作品當中，像這一類的詩，異常之多。）這皆是描寫社會經濟不平等的慘狀。像那身著極時髦的華服，口含雪茄烟，躺在沙發椅上，經過三十分鐘的小睡，他的資財上面，已經添加子金數十百萬。這種人，社會還要敬仰他，國家還要保護他；豈不是簡直和神仙無異麼？再看看那一班赤體屈背的農夫和工人，每天在熱逾一百度的炎日之下，鍋爐之旁，做那和牛馬相同的生活，還不能使妻孥得着溫飽，仰視富人，眞是如在天上。富人所以增進子金，安享樂逸，還不是一班窮苦農工，耕田作工的結果麼？如若眞有『命定』之說，深入人心，還可以不生疑問；若打破命定主義，同是人類，目前竟現出如此慘痛情形，怎能不令人由疑問而發生悲憤，由悲憤而發生破壞思想呢？在國家政治方面，所以有社會政策，就是爲調劑此種不平而設；在學說方面，所以有社會主義，也就是爲救濟此種不平而起。中國古代功利派的政治家，如管子等，他曾有『衣食足而知榮辱，倉廩實而知禮義』的話。就是非功利派的孟子，也有『救死不贍，奚暇治禮義？』的話。可知一個人受了經濟的壓迫，致物質生活，不能安全，則對於倫理道德行爲上，一定要發生極大的影響。社會有因貧窮而作惡的人，究竟這種作惡的責任，應該由個人負呢？應該由社會負呢？倒還是一個大大可研究的問題。那末，由道德理想，擴充到社會理想，主張到經濟平等，可說這也是勢所必然，不可避免的一件事。此爲第四步。

現在第四步，還是在變化進行之中，究竟何時才能完全達到，殊不可知；但是，在道德思想方面，既已具有一種顯著的趨勢，吾們講到倫理學的發展，似乎也不可不知道。

第五，是體質平等——還有第五步，是體質平等。說起人類體質平等的希望，更是常人所認爲萬做不到的。可是，在理想方面，却認爲可以企及；所以仍不願犧牲其主張，拋棄其試驗。蓋天地生人，智愚不等，這本是先天所定，萬萬不容強求。至於教育功能，雖屬異常偉大，但亦僅能就後天可能的範圍以內，施其效用，絕不能完全變更先天的性質。但是，近有一種「優生學』產生，注重傳種改良，留優汰劣；其目的所在，幾幾乎要把先天的體質，造成一律平等。這雖是一種理想，然果能日形發展，用這種根本方法，從先天下手，以改造人類，我想補救之功，亦必不小。此爲第五步。

以上所說，似乎有點出乎倫理學範圍以外，但爲說明倫理學發展起見，知道研究適應人類生活方法，近來是日形精密，日形完備，其有益於倫理學的知識，却也不少。

第四節　道德的特質

既經明白了道德發生和道德學說發展的狀態，則道德的特質，也不可不特設一節來專講一講。

美國杜威曾經說過：道德是『學』，是『生長』。如此說明道德的性質，可算是極其確當了。蓋就人的天性言，既有道德的根蒂，就人的生活言，又有非道德不可的需要，所以容易生長，容易學習。道德本不是千篇一律的老法子，他是一個隨時隨地變遷的東西。社會的情形，日日不同，道德爲着適應時宜，所以也必定要求他有新觀念新經驗的生長。道德發展無止境，人類生活方法的增進，也無止境。人類不學，是不能生存；人類無道德，也是不能生存。現在試就道德性質上分出變的原素和不變的原素，根據杜威所說，演述其大意如下：（見杜威五大講演倫理學紀要）。

（一）道德上變的要素　道德所以要變，因爲有改變的原因，原因約有兩種：

（甲）是鑑別力——道德本出於自然，純粹是內發的；但也未嘗沒有外來強制的性質在內。道德既有自然和強制的不同，所以就不能不發生變化。因爲有變化，才能有進化。進化的目的，就是要把外來強制性的道德，逐漸淘汰，換上一種自然的合宜的新道德眞道德。在社會未開化之時，皆是拿成人的道德和社會的習慣，做行爲的標準。古人怎樣做，今人也怎樣做。可是，有些古人言行，是可取的；但也有和時勢不合的。有些歷代傳下的習俗，是很合理的；但也有對於社會無貢獻，行之既久，轉致發生流弊的。普通常人，因爲沒有鑑別的能力，所以不知何去何從。倘使永久如此，道德何能有進步改良的希望呢？在開明社會，却不是這個樣子。縱然不能人人皆具有鑑別力，但是，其中亦必定有若干特別有知識的人，能辨別出那種道德，是應該留，那種道德，是應該去。既有了鑑別的能力，自然道德這種東西，就能隨時發生變化了。

（乙）是生長——道德生長的道理，無往而不可以看出。先從個人方面講，大抵是能者多勞，有了幾種新藝能，便有了幾種新責任。教育程度愈高，所負的義務亦愈重。愚人犯了罪，他並不知道犯罪之由，所以也就沒有良心的痛苦，自然進德的希望比較少。如是受過教育的人，有過自知，繼以悛改，自然日新不已。因爲向上的善念多，所以行善的機會也衆。再從社會方面看，也是這樣。古所謂善，今或以爲不善，現時所謂道德，將來或以爲不道德，總看社會變化怎樣，再估定道德的價値何如。有了新需要，產生出新文明，就應該有新道德。道德這種東西，當然是生長不已的。因爲他要生長，所以才發生變化。

(二)道德上不變的原素　道德上也還有不變的原素三種。這三種原素，大可以說是放諸四海而皆合，推諸百世而皆準。因爲這是一種原理，本具有不可變易的特性。

(甲)是生長或發展的責任——我們認定一個社會，一定是生長的。生長的責任，我們組織社會的分子，一定應該担負的。不管道德是新是舊，總看他能否助長社會的生長和發展，方可斷定他的好壞。如是不能，舊的道德，固然不能留，就是新的道德，也不中用。大概一種改革，一定要拿舊文明來做根據，漸漸吸收溶化新文明，使老的發展成爲新的，無用的化爲有用的。倘若我們不問生長或發展的效能，見新就學，恐怕一定沒有什麼好的結果。所以道德的原素，在乎生長或發展。生長發展，就是道德的惟一責任。這是亘古不能變的原則。

（乙）是公益的尊祟——世界上既然有了種種道德規律，則無論時之今古，地之東西，文化之高下，可以說都有一個相同的地方，不可變易。這是什麼呢？就是尊祟公益的觀念。因爲實行道德方法，雖是條理萬端，可是，無一不是以最大多數最大幸福爲標的。孔子說：『已所不欲，勿施於人。』耶穌說：『視敵如友。』二人立說雖異，而其原理在乎爲人類謀公共幸福則同。所以論道德價値的大小，纔看他對於公益的程度是怎樣。可知『尊祟公益』的這一個觀念，在道德生長的原則上，也是亘古不變的。

（丙）是道德的重視——還有一個不變的要素，就是重視道德。無論何種社會，絕沒有不認道德問題，爲最緊要的問題；絕沒有不視道德事件，爲最重大的事件。因此有學識好研究的人，總想在道德行爲上，找出一個原理原則，做社會行爲的標準。可知重視道德的心理，是人人所同具的。眞正有道德的人，固然是重視道德了，就是品性差一點的人，儘管行爲不好，也不能就說他完全沒有道德觀念。如是在社會改革最急切的時代，重視道德的觀念，尤爲十分重要。因爲這個時代，倘使一班青年多慕羡新文明，漠視道德爲無用，則道德必定要到了崩壞的地步。

第五節　倫理學的影響

有了道德觀念，便有了道德標準。雖有了道德標準，仍然有道德問題發生。因爲發生問題，才有解決問題的學說出現。我們今日知道道德性質之所以然，自不能不說是受研究倫理學者之賜了。倫理學確是一件可寶貴的東西；但也是一件可駭怕的東西。因爲倫理的習慣，是固定的，是保守的，是不甚變化的；而倫理學的習慣，是無定的，是進取的，是主張變動的。蓋道德行爲標準，多半表現於社會風俗，國家法制，先哲格言，舉世多爲盲目的遵守，不敢加以懷疑，加以批評。獨有倫理學者，不守這個老實態度。他是專好對於舊有的道德標準，取來作研究的對象。所以西哲有言：『哲學是危險的東西』；因爲哲學含有破壞性，最好本着個人見地，懷疑舊有，批評以前。倫理學原屬於哲學一科，是以危險性，也和哲學一樣。

大概有了一種學說得勢，不知不覺之間，就要影響及於各種人生行爲風俗習慣，使之發生變動。久之且能形成了各種政治組織，社會組織。由變動成了固定，經過若干時，物質方面，精神方面，又漸漸發生變化。於是新問題復起，隨之有新學說新主義出現。此時所有小己及大羣，已成了固定的習慣風俗，與夫一切政治組織，社會組織，根本上皆不免現出動搖之象。如此一反一復，繼續不絕，永無已時。縱觀一部大哲學史，凡古今哲學家的思想，和人類行爲變遷，無一個國家，無一個民族，不是如此的。就學說說，就主義說，也皆是有一個破壞的，爲開路先鋒，打破一切不合時代的舊道德舊風俗，又必有一個建設的工程家，繼之以起，設法來建設一切，完成一個段落。迨建設既成，歷時既久，又必有人構成破壞的學說和主義出來。蓋不破壞，則無由得着新建設；建設久，腐敗成，又不可沒有新破壞。如此循環而進，學說漸得改良，人類行爲，才能進步。大多數人的行爲進步，可說皆是無意識的，可說皆是跟着少數哲學家的思想走的。如不相信，不妨讀一讀哲學史和文化史。

前面所說的話，似乎有一點闊大了。現在可再收縮起來，專就倫理學及於人生觀的效力，略說一下，以資結束。

道德習慣，對於人生觀，原有莫大的支配力；而倫理學的出發點，則在取舊有的道德習慣，加以嚴刻的批評。那末，倫理學對於人生觀的效力，又是怎樣呢？分別言之，可說他的效力有兩種：(一)是破壞的效力，(二)是建設的效力。

說起一切科學的職分，皆是重在常識的批評；而倫理學的批評精神，則尤爲精警強悍。彼就常識所判定的善惡見解，皆要一一加以評論，加以改正，加以補綴；並且爲之分類，爲之說明，爲之找出一個最高原理。不知道什麼叫做不朽的禁令，不刊的法典，惟知眞理是從，其他一切，可以置而不顧。如此一來，舊有道德的法規與夫一切制度風俗，平常人所認爲確定人生觀的工具，至是乃覺罅漏百出；因之固有的精神生活，就要不免失其根據。其效力偉大，足以衝破一切藩籬，無怪守舊派，至比之以洪水猛獸。蓋論其搖惑人心，破壞秩序，實在是令人可怕。可是，他的出發時，雖以攻擊爲起點，而到了歸宿時，則又仍以建設爲收場。彼從道德的社會法制當中，風習當中，便能把緊要的和不要緊的，一一區別出來；使永久的和暫時的，一一劃分開來；使精神和形式兩方，彼此可以互相聯合。此皆是倫理學沒有發生時所夢想不到的。就此數項以觀，他的建設效力，使人生行爲方面，得了一個親切的導師，一種明瞭的趨向，其功也就不算十分小了。

第三章　倫理學的特質及範圍

第一節　倫理學是否爲科學？

前章已將倫理學的發展情形，略略說明了。現在所要研究的，就是『倫理學是否爲科學？』的問題。我對於這個問題，可以毅然答應一句說：『倫理學當然是科學。』因爲科學這樣東西，本來是人類知識發展的產兒。在未有科學以前，也並不是沒有研究，沒有學問；可是，到了構成科學的程度，研究才能精密，系統才能表現。

說起科學的特質，一定是以眞理爲對象。彼由果以推因，因此發見出原因作用的普徧原則，可以表之以公式，再由此公式，加以概括，加以連結，復演繹而成新結論。所以不能由既知原因的法則，預測其結果的學問，決不能稱爲完全科學。可是，因此之故，對於『倫理學爲科學』的一個斷論，乃又不免有人發生疑問了。蓋以倫理學所研究的對象，是人類的品性及行爲。既然認倫理學爲科學，勢必視品性及行爲，爲某種原因的結果，而且對於他的構成法則及發達次序，皆可用公式表明出來，如此對於人的品性行爲，萬不容不有一種預想的假說。但是，人類品性行爲，實由人的意志發出，絕不能如物理的勢力，可以用數學計算。試問將從何處設立預想的假說呢？如此疑問，如此非難，未嘗不具有理由。可是，要解答他，也很容易。本來人類行爲，同是屬於自然現象的一種，比之物理的事變，如行星運動，物類進化等事，並沒有什麼區別。科學家既能對於各種自然現象，設立預想，也未嘗不可以進一步，對於人類在特別地位，作特別行動時，定下一個普徧法則，並且由此法則，以測定一個民族，或一個人所當取的途徑。

還有一層應該知道的，就是科學對於所研究的對象，本可以把他的種類區分開來，可是，若倫理學所研究的，並非空間時間中的行爲，乃是對於行爲所下正誤的判斷。這却是倫理學和自然科學，大大不同的地方。科學所以能分類，也就在此一點。蓋我們日常所說的科學，實有兩種：(一)爲事實的科學。是專對於空間時間的事實，分析其種類及說明其一切現象——自然的或精神的現象。如「地球繞日」，是自然界的一種事實，爲天文學所研究的對象。所以天文學，可以做這一類科學的代表。(二)爲他種科學。就是所研究的，不關於空間時間的事實，而但爲關於對事實所下的判斷。可是，其間却也有個區別，如論理學上所謂命題的判斷，和法律上所用判决書的判斷，就不能同樣。倫理學所處置的判斷，是屬於後者之意義，不是屬於前者之意義。這是因爲他認定行爲爲判斷的對象，而絕不認爲事實，所以才有這種區別。

又有人說：一切判斷，皆爲事實，道德判斷，所以異於他種事實之處，也不過因爲比較的格外複雜，何嘗有根本不同之處呢？這話固然是不錯的；可是，道德判斷，所以特別複雜的原故，就是因爲他的判斷，必根據於標準。這一點不能不說是倫理學的特色。由此根據，便可把一切科學，分別成兩大類。那兩大類呢？就是：

（甲）叙述的科學——如天文學……是，

（乙）規範的科學——如倫理學……是。

倫理學所以能够做規範科學的原故，就是因爲他能注重判斷，注重判斷的標準。此外和倫理學同屬於規範科學的，尚有論理學，美學兩種。『論理學』是爲研究眞僞的判斷之學，『美學』是爲研究美醜的判斷之學。倫理學所論，爲善惡標準或規範，和論理學美學的論法，並無區別。他所研究的，主要在於整理吾人判斷善惡的法則，而對於人類空間時間中的行爲法則，還是屬於第二義。

既知道倫理學爲科學，且爲規範的科學了，那末，我們對於倫理學所以爲科學的意義，還應該補行說明，以期格外明瞭。

本來『科學（Science）』這個字的意義，是訓作『考究』，訓作『窮理』；這是專指研究方法說的。科學觀物的方法，所以異於通常觀物的方法，第一，就是考察精密。考察精密，本不是一件容易的事，蓋必先就一種物理的變化，詳爲記述，其次再區別其所察到的現象，各依其類，分別部居，妥爲排列。愈分愈細，愈析愈微。第一步工夫，是紀載，第二步工夫，是分類。僅僅到了分類作用而止，固然也可以稱做科學，可是，尙不能完全當得起科學的大名，必定還要達到第三步工夫的說明，比較的才可以無憾。並且因人類知識無止境之故，僅僅說明物理現象的異同，仍覺不能十分滿足。於是更欲進而超越於外界關係，發見出普徧原理，再由此原理以說明種種關係。這便是由說明更進一步的工夫，可以稱爲『詳說』。有此第四步工夫，而後科學之能事始畢。

『說明』所包括的範圍，實在是很廣。發見一種現象，或一種事變的原因，固然不能說他已盡了說明的任務，就是發見某現象所屬的普徧法則，也還不能說『說明』的意義，就十分完全。我們如果是對於某一物已經完全說明，則必於其物發生時所必要的條件，一一詳知而無遺漏，才可以當得起，並且此等條件，和其他各方面——即和某物發生時有關係的各方面，均不能脫去聯系。這不僅是空間時間上的連絡，而且是有機體各部分的交互連絡。所以苟欲眞正說明一種現象，必須要認定這個現象，是全體中所不可缺少的一部分而後可。現在試拿說明『天亮』一種現象來做個例：吾們當入手之初，便要說明『天亮』這個現象，是太陽系中一切條件必然的結果。就是吾們一定要知道太陽系中各部分的交互關係，及其運動的法則，而於某一個特別時間，恰好地球上某一部，剛向太陽之光，因而就把這個現象，加上一個名稱，叫做『天亮』。如此對於這個現象，乃可說已經完全說明。

由此看來，如眞要說明一種現象，必要認定這個現象是有機體中的一部分。換一句話說，就是要認他是一羣事實中所不可缺的一種要素。可是，一羣事實，和他羣的事實，不能說沒有關係。推而廣之，和實在的全體，也不能說沒有關係。所以要眞正完全詳盡說明一種事實，則又非認他爲宇宙構造當中的一原則不可。說到這個地方，可又發生一點疑問了。因爲科學的說明，必以特別範圍爲限，只求在所限定之範圍以內，說明的十分滿足，已算盡了科學的能事。若牽涉到有關係的各方面，要一一說明他的關係，則科學豈不是荒了他的本職麼？却是，這也容易解答。科學所論，本是限於一科，也就是限於一部分。如若論到此等範圍交互的關係及其和宇宙全體的關係，則有哲學起而擔任此種職務，科學就只好拱手推讓了。

講到這個地方，則對於科學和哲學的異同和關係，也就不能不順帶的略說一下。如若粗淺一點講，僅辨明科學和哲學兩種特質的不同，則如次說：

（甲）科學的特質，是滿足於相當的說明。就是認定特別一種現象，在某種範圍內，爲必然的一部分。

（乙）哲學的特質，是認科學上所說明的現象和宇宙全體具有有機體的關係。

如再精密的一點說，可就科學和哲學的範圍及方法，列比較表如次：

（甲）科學和哲學，範圍不同，方法也不同。

(1)科學所研究的 —— 注重經驗
- 現象
  - 有時間性
  - 有因果的關係—可以用論理方法去研究
  - 取道於知覺
- 事實—『所知』(結果可成爲『心理學』)
- 實質—個別的

(2)哲學所研究的 —— 注重理性
- 本體
  - 無時間性
  - 自由的—不用論理方法去研究
  - 取道於直覺
- 知識—『知』(結果便成『知識論』)
- 形式—普徧的

(乙)科學和哲學範圍相同，方法不同。

(A)哲學重思辨。對於各種現象或事實，先用自由的思

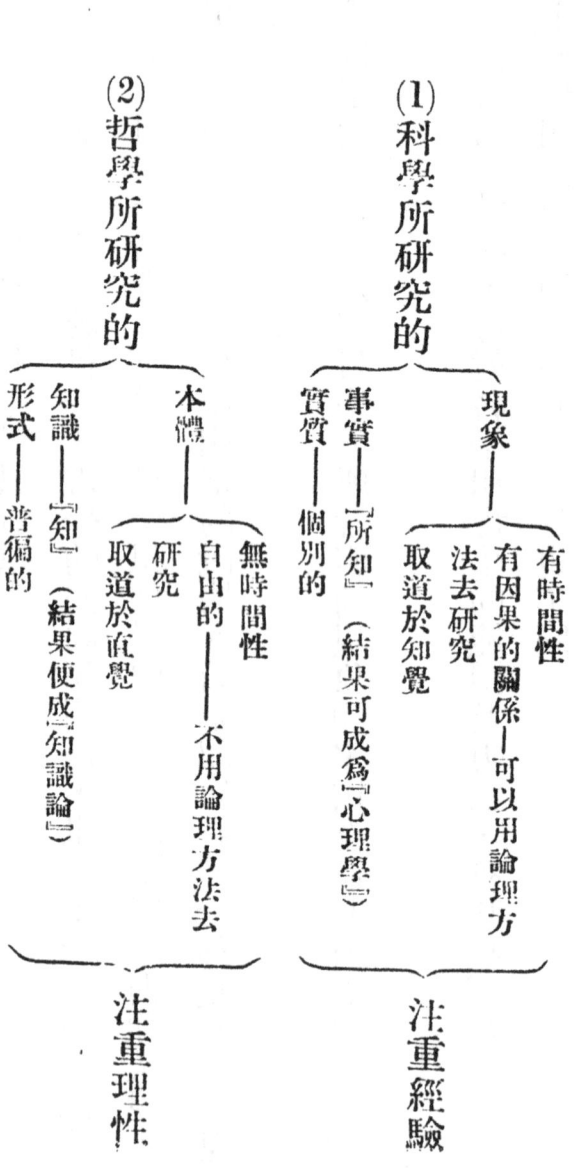

(1)哲學在前，科學在後。

辦去研究，做一個急先鋒。

(B)科學重證實。對於哲學已研究過的現象或事實，再加以判斷的試驗，作哲學的繼承人。

二者皆以全世界爲領土

(2)科學在前，哲學在後。

(A)科學先作局部的研究。

(B)哲學再來集各部的大成，求出一個根本原理。

就前表總結起來說：科學是分析的，偏重實物，注重試驗，是用手的，發生以來的歷史很短；哲學是綜合的，偏重理論，注重思想，是用腦的，發生以來的歷史很長。

如此可以仍歸到『倫理學爲科學』的本題了。倫理學所以爲科學的原故，因爲他不僅就所研究的材料，觀察記載，設類區分，還須進而說明其所以然，必認明道德現象，爲人類個人的及社會的生活必然的結果。在不知倫理學的人，看見道德的判斷——即對於人類行爲所下善或惡的判斷，皆以爲是孤立的事實，和其他經驗上的事實，毫無關係；而在研究倫理學的人，既用科學的方法，就不容不知道這種判斷和其他事實，皆有有機的關係。因而可以明白此等判斷，乃是人類社會中必然的假定。

這樣看起來，如若把倫理學研究的範圍，大爲擴充，對於有關係的各方面，作綜合的研究；且專注重理論一方面，加入個人的思想，自然就要成『倫理哲學』了。

我們再回轉頭去，看一看倫理學在未構成科學時代是什麼樣子。我們也可以說在未成科學的倫理學之前，已有哲學的倫理學成立。（在古代倫理學本屬哲學的一部分）到了有科學的倫理學之後，輾轉發達，乃又成爲哲學的倫理學。是則倫理學的發展，可以分爲三大時期：

第一，哲學的倫理學時期——所成就的，是倫理哲學。

第二，科學的倫理學時期——所成就的，是倫理學。

第三，哲學的倫理學時期——所成就的，是倫理哲學——是受過科學洗禮的倫理哲學。

可是，我們有一點應該明白的，不可誤會的，就是第三期的倫理哲學和第一期的倫理哲學，名目雖同，而內容則異，絕不能說三期是復一期之古，更不能說科學的效力，不及哲學。須知第一期所研究的方法，純是用演繹的，純是憑個人理想的，到了由演繹進而用歸納，由理想進而用實驗，則隨着人類知能的進化，自然有科學產生。但是，科學也只能用分析研究，不能用綜合研究，就是只能明其一端，不能統觀全體。所以心智再行演進，到了合內外以爲一，視心物而並重的程度，自然就能專從全體上，根本上着想，利用實驗方法，加以理想作用，至此自然就有哲學發生。這種哲學，是經科學陶冶過的，是受科學洗滌過的，所以第三期的倫理哲學，是倫理科學的產兒，不是倫理科學的老祖。既非『直覺的倫理學』，更非『神學的倫理學』。

直覺的倫理學和神學的倫理學，可以算做哲學的倫理學麽？我們也只好說可以的了。直覺的倫理學，是認定人類心理上所有善惡觀念，僅僅是處某一種境遇時道德官所發出的判斷。倫理學的職分，僅對於此種判斷，加以記載和區分，不能加以說明，因爲此種判斷，是人類天賦的感情或本能，無由加以分析的。神學的倫理學，則又以爲人類的道德判斷，是原於神的意志，由良心及天啓以賦之於人，認定說明道德判斷，是由於全能的意志，不由於人類的生活及經驗。

我們對於這兩種倫理學——反科學的倫理學，當然不能十分滿意。可是，他在科學的倫理學未興以前、也曾具有極大威權，就是到了今日，威權也未嘗完全喪失。歐洲古代，固然是如此；就是中國宋明理學家的所講的倫理學，及印度佛學中所講的一部分倫理學，也是如此。須知倫理學爲一種科學，其性質實在和自然科學沒有區別。他的研究主旨，在於說明道德判斷，而視爲一系統中不可缺的部分，實在是和天文學說明行星運動，生物學說明動物生殖，是一個樣子。如說『竊盜，是一種罪惡』，這明明是一種判斷了；可是，這種判斷，只能從社會的有機體方面，把他說明，絕不能認他是出於道德官及上帝的意志。何以故呢？因爲竊盜結果，足以傷害他人財產，和社會生活系統，不能相容，科學上說明的方法，本來是應該如此。至于倫理科學和自然科學不相同的地方，就是倫理學所研究的道德判斷，格外複雜，研究時須根據一定標準。自然科學爲天文學所研究的天體現象，是一種事實，而不能稱爲複雜的判斷，可以無取乎根據標準。因此之故，倫理學，又可屬於社會科學範圍，用以和自然科學相分割。茲就現在科學的分類，可列爲一表如次：

- 科學
  - 自然科學
    - 物理的自然科學
      - 天文學
      - 力學
      - 化學
    - 生物的自然科學
      - 動物學
      - 植物學
      - 生理學
  - 社會科學
    - 倫理學
    - 政治學
    - 社會學

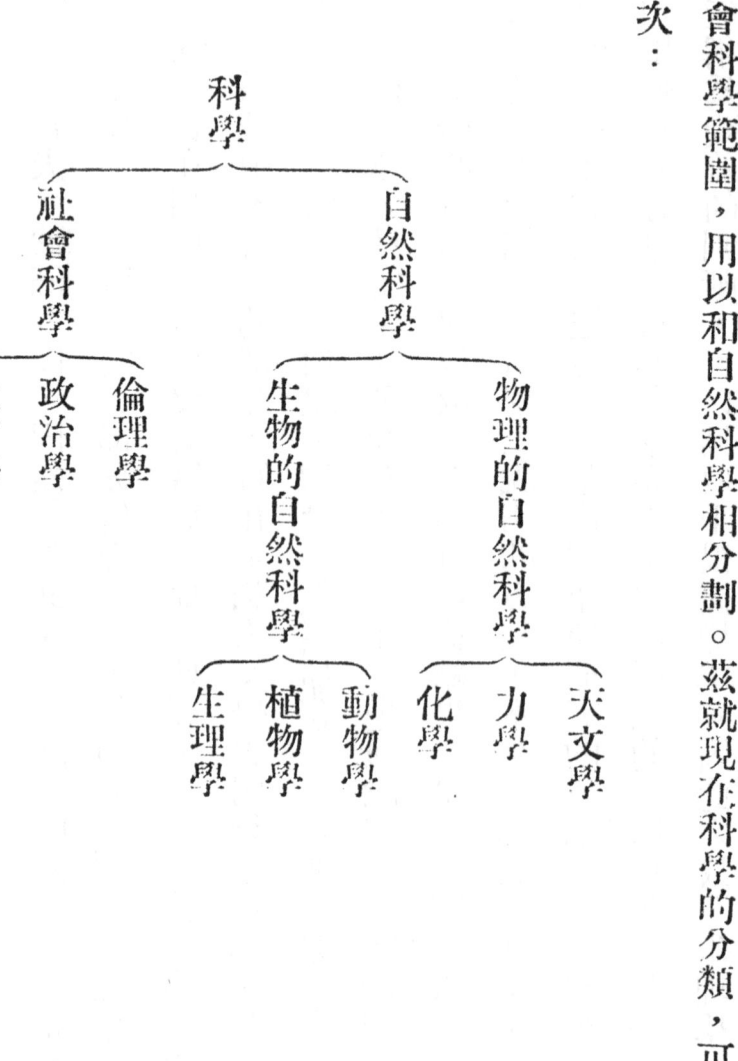

除前文所示區別外，尙有一種重要的觀念，就是生物學視『人』和自然及社會有有機的關係，雖是和倫理學一樣，可是，倫理學視人爲有意識的，因爲有意識，才能明白這種關係。這也是倫理學和其他科學——自然科學中的生物學，大大不同的一點。其詳待下文再說。

第二節　倫理學是否爲實踐科學？

還有分別科學爲『理論』和『實踐』兩種的，以爲倫理學是屬於實踐的科學，用以和其他理論的科學相區別。這種區別如何，待下文再說。現在可就『術』和『學』的異同和關係，略說一說，以見倫理學的本來面目，並可先引德國鮑爾生(Paulsen)所說的一段話如次。鮑氏說：

科學有二別：一主理論者，二主實踐者。前者謂之學，後者謂之術。前者屬於知識而已，後者又示人利用其能力以舉措事物，而適合於人生之正鵠者也。

由是觀之，倫理學之屬於術，無疑矣。蓋倫理學者，所以示人之生活，必如何而後能適合於人生之正鵠者也。故倫理學者，位於諸術之上。若廣言之，直可以包括諸術。何則？凡所謂術者，皆人所資以達其完全之生活者也。自商工業以至教育政治，何一不然？故所謂諸術皆隸屬於倫理學，而悉爲理倫學之一部，殆無不可也。

凡術皆以學爲基，蓋應用學理以解釋其所實踐之條目者也。而倫理學之所基，則爲人類學及心理學。蓋倫理學之鵠，在豫定人類性質及人生規則之知識，而用以解釋人類全體及各人之生活及行爲，如何則有助於人性之發展，如何則反益其障礙。此其關係，得以他術比例而明之。如醫術以卻病爲鵠，在因人身之生活，而爲之助其發達，去其障礙。是爲衛生及治病之術，故以物理科之人類學爲基。醫術與物理科人類學之關係，猶倫理學與人類學全體之關係也。醫術者，本人身之知識，而用以發展人身之生活，使達於康強。倫理學者，本人性全部之知識，而尤注重於其關乎精神關乎社會之兩部，用以發展人類種種之生活，使達於完全。故倫理學者，可謂之完全之衛生術。不惟醫術，即其他教育政治諸術，亦可視爲倫理學之一部分，或視爲輔助之術焉。創設倫理學之亞里司多德，其見解亦若是也。

術與學之區別如此，而不得以術爲獨立之新科學。何則？科學所以研究事物之性質，而事物之變化，由人力所生者，不得徑視爲性質之一部也。惟科學之書，亦時得附記其應用之術。如著物理學者，於蒸汽理論後，附記汽機之作用。此以技術爲學說之餘論，固甚當也。

使人類之本體，屬於學理之一方面，則吾人研究學理而已足，而其實不然。所謂本體者，乃屬於實踐之方面也。凡實踐問題，其發生常在學理問題之前，而尤爲重要。所謂科學者，率由求實踐問題之解釋而後起。如解剖學生理學起於醫術，幾何學起於量地術，而哲學則亦起於求人生之意義及職分也。要之，驅人類全體，而討究宇宙之性質者，無問古今，不外乎各即其生活之現象，而繹其本義，溯其緣起，指其正鵠。然則謂一切哲學之原因及歸宿，悉隸於倫理學焉可也。

本來『術』是先有的，『學』是後起的。普通不知倫理學的人，他也會對於自己或他人的行爲，下道德的判斷。可是，這是一種自然的術，率從無意中得之。比如沒有文法學的時候，已經有了言語之術，沒有論理學的時候，已經有推理之術，道理是一個樣子的。所以關於道德判斷及道德行爲之術，雖倫理學未興，已能由無意識的作用，推論一切。學則因人智日進，由無意識進而爲有意識，從固有術中，分析出所有的原理。學和術的區別，大致是如此。再論他的關係：因有術而學始興，因學興而術乃益善。沒有農學，已有耕種；農學既成，耕種的利益更厚。沒有工學，已有建築；工學既成，建築的規模更大。道德倫理，也是事同一律。

如若就倫理學特質上說，他是偏重實踐方面，自然是不錯的。說到倫理學和人類日用生活的關係，比較天文學及生理學，格外密切，自然也是不錯的。這是因爲倫理學所研究的結果，對於人類有直接普通的利益和興味，所以比起自然科學，不能相同。此種區別，一見本易明瞭；可是，依着這個標準，竟把倫理學和其他自然科學，區別成實踐的和理論的兩大類，則似乎有點不妥。現在可把不妥的理由，略略的說在下面：

第一，就倫理學自身說，他何嘗不是理論？他又何嘗不是理論科學的一種呢？如若說他不是理論，他是純重實踐，則是認定他仍在『術』的地位，倘求入於『學』的範圍，便不應該加以『倫理學』的嘉號。既名曰『學』，且名曰『科學』，自必以理論爲主。就是說和『術』的關係密切，也是由無意識的所行的術，進而爲有意識的，分析成普徧原理。理論旣成，更可由所得的原理，應用於日常行事，使『術』的程度，日益增高。

第二，再拿自然科學當中的天文學和生理學來比照一比照看。這兩種科學，可算是純屬於理論科學，和實踐無涉了。但是，航海術，可以拿天文學來做基礎，治療術，也可以拿生理學來做基礎，何嘗不是切於人生日用呢？又何嘗不是和倫理學之近於實踐的一樣呢？況且因航海可以證明地圓之理，因療病可以證明人體組織之理，又何嘗不能因術而進於學呢？

第三，現在我們常說：某某科學，是純粹理論的，是僅有益於知力修養，絕不含有實用目的在內的；要知道此乃是近世的事實，若在科學初期，絕不會有這種思想。本來人類對於自然法則，所以能發生興味之故，其初皆是因爲他能適於人類生活目的，有利益於人生。至於爲科學而研究科學，認定科學自身，有實在的價値，當探討之時，絕不含有利害之見，此乃是科學發達以後的現象。

第四，科學研究益精，人類知能大啓，因此探討原理的興味和注重實踐的興味，也就距離日遠；於是學問上乃有所謂『玄學』發生，因之遂不免有叩虛之弊。可是，嚴格說起來，就是極抽象的理論科學，如哲學中的『形而上學』，又何能竟說他和人生日常生活，毫無關係呢？總之，『學』和『術』，本有極密切的關係，而亦有極嚴明的界說。行爲上的理論和實行，固然是有很密切的關聯，而亦有很嚴明的區別。若是只見其關聯，遂至抹煞其他的區別，那是混『學』『術』而爲一，自然是極不對的一件事。

第三節 倫理學和其他各學的關係

世界上的學問，可以說沒有一科是孤立無偶，不和其他方面，發生關係的。倫理學所研究的，是人類道德行爲的判斷，是道德行爲判斷的標準。試問『行爲』何由而發呢？是發於人類生理和心理的動作。『行爲』因何具有道德上判斷的價值呢？是因爲和組織社會的人羣發生關係。即就此兩點以觀，可知倫理學已經和心理及社會方面有密切不可離的關係了。晚進學問之事，注重分功，所以各科學愈分愈多，自然不能不劃分特殊範圍，以便在一定範圍以內，充分的用力研究；若是每一科學，研究範圍，稍稍放寬，便容易侵入他科。因此劃定範圍，是一件事，同時承認他的交互關係，可以使彼此之間，收互助的利益，又是一件事。現在講到倫理學，當然要把和倫理學有關係的各學，列舉出來，略講一講。

(一)倫理學和哲學的關係　哲學的範圍，本來包括很廣在，西洋古代，只有哲學，無所謂科學，凡是今日所稱爲科學的學問，皆是列入哲學範圍之中，說到倫理學哩，更是正正當當的居於哲學幹部地位，就是到了現在，還有認倫理學爲人生哲學的。胡適之先生說：『凡研究人生切要的問題，從根本着想，要尋一個根本的解決，這種學問，叫做哲學。』他並且舉人生哲學一項，做一個好例，用以表明他的意思說：

例如行爲的善惡，乃是人生一個切要問題。平常人對着這個問題，或勸人行善去惡，或勸人實行賞善罰惡，這都算不得根本的解決。哲學家遇着這個問題，便去研究什麼叫做善，什麼叫着惡；人的善惡，還是天生的呢，還是學得來呢；我們何以能知道善惡的分別，還是生來有這種觀念，還是從閱歷經驗上學得來的呢；善何以當爲，惡何以不當爲；還是因爲善事有利，所以當爲，惡事有害，所以不當爲呢，還是只論善惡，不論利害呢。這些都是善惡問題的根本方面。必須

從這些方面着想，方可希望有一個根本解決。（中國哲學史大綱，第一篇導言）

照這樣說來，可以不認倫理學爲科學，簡直就認他爲哲學，便可以呼他做『倫理哲學』，『道德哲學』，或『人生哲學』了。

可是，科學分做理論和應用兩部，哲學也可以分做理論和應用兩部。哲學上如舊所稱的『形而上學』，或『本體論』，及最近所稱的『方法論』等，此皆是屬於理論方面的。如『倫理哲學』，『政治哲學』，『社會哲學』，『教育哲學』等，則是屬於應用方面的。倫理學之所以爲哲學，在哲學系統內，原是屬於應用方面，專拿他來論究人類行爲的根本價值，希圖得一個最後的究竟的說明。當做這種說明工夫的時候，自然是離不掉形而上學或方法論的理論。這不一定西洋是如此，就是中國也是一樣。我們看一看宋明諸儒的哲學，便可以知道了。到了科學的方法發生，凡是平素隸屬於哲學麾下的各學，皆紛紛宣告獨立；倫理學也是不安於分的，久而久之，也就從哲學系統中特別解放出來，獨立成爲一種特殊科學。但是，倫理學雖然已經成爲特殊科學，而他的老根，原屬於應用哲學一種；所以無論如何，總不能數典而忘其祖。現且特殊科學，欲再進一步，作根本的探討，則又仍然要用哲學的綜合方法。那末，倫理學這樣學問，和哲學因緣之深，關係之密，我們大致也就可以明白了。

現在還可就研究倫理學不能離了哲學的道理來說一說：本來科學功用，在於對世界現象，加以分類和說明，就中說明工夫，尤居重要。但是，他的說明，必以特種的現象爲限，所以談到最後的根本問題，依着科學的能力，頗苦難於解答。倫理學既成了科學，則是他所研究的範圍，也只能以人類道德現象爲限。無如關於道德現象的探討，有時不能不涉及根本問題；既涉及根本問題，自然就要取徑於哲學了。當這個時候，不僅步入應用哲學的藩籬，並且要闖入理論哲學的堂奧。所以倫理學和哲學的關係，比較其他各科學，——無論那一種，皆要更加上一層密切。所以然的，因爲他有兩種原因：

(甲)倫理學帶有規範的特色。他所論究的，是道德判斷的法則及標準，不是物理上的事實和決定。(此在前文，已經說過。)

(乙)倫理學所論究的，是人的行爲。論究的主體，是人，論究的客體，也是人。所以倫理學對於所研究的人類，必定要承認他是意識的動物，絕不能和研究生物學的眼光相同，如若把人類行爲及品性，視同其他動物的心的現象一樣，那可就大錯特錯了。本來世界不是由同一的事實成立，自然也不能用同一的公理及法則來說明。倫理學所以和生物學大大不同的一點，就是生物學認定人類和自然及社會，是具有有機的關係，而倫理學且認定人類能意識（即明瞭）這種關係。

因爲有這個原故，所以倫理學雖一再想脫離哲學關係，而勢終有所不能。

還有兩種道理，也不可不說一說：

第一，我們要知道的，倫理學的對象，是道德判斷。這種判斷，純粹是表明一種價値。斷定人類行爲的善惡或是非，可以說他是絕對的，不是相對的，固然這純粹是由義務及正直的觀念發出，爲理性派所主張，和快樂派及功利派相反，但是，這兩種不同的見地，究竟誰眞誰誤，尙不能完全斷定。如說理性派所主張是眞的，那末，他的倫理學，自然就要和哲學的形而上學，發生密切的關係，反過來說是他僞的妄的，也必定明白人類在宇宙的位置怎樣，又人類和宇宙原理及目的的關係怎樣，才可以下論斷。換一句話說，就是要駁斥理性派所說的僞妄，也不能捨去哲學之途而另求所以證明之道。

第二，還有一層，我們也要知道的，就是我們人類自覺個人做社會一員時，實在已含有宇宙秩序的觀念在內。因爲倫理學所研究的人，是有意識的人，不是無意識的人。他既然和自然及社會有關係，還又能明白他的關係所在，自然就能知道自己是宇宙全體中的一員，在此全體之內，佔有一個位置，秩序極其井然。比如要想自己是家族的一員，同時也就不能不想到自己是國家或社會的一員；要想自己是社會的一員，同時也就不能不想到自己是宇宙全體的一員。雖然我們爲研究科學便利起見，不妨從自己普通的意識中，抽出一個特別的意識——從宇宙全體一員的意識中，抽出特殊社會之一員的意識——加以討論，如同幾何學所論的直線三角形，是從普通空間中，抽出特殊的空間一樣。可是，我們若眞要分別人類社會的意識，詳細考究他的性質及內容是怎樣，這個時候，必定要回顧及普通意識的性質及內容，方可以完全解答。三角形的性質和一般空間的性質，固然也有關係，但是，他的密切程度，却不能與之相比。何以故呢？因爲我們空間知識和社會意識，二者截然不同。我們如是從某一派的說法，認定人類空間的知識，是由後天經驗而來，或是從另一派的說法，認定人類空間的知識，是先天所固有，兩派各執一說，雖然異常反對，可是，幾何學的科學本身，却依然無恙。我們人類對於社會的意識，可就不是這個樣子了，如若從伊壁鳩魯（Epicurus）的說法，信世界是質點的集合，或是從斯多噶（Stoics）的說法，信世界是神智的小影，那末，我們人類社會的意識——就是通常所謂「良心」，自然不能不因此受一點影響了。如此說來，可知自然科學，雖得脫離哲學而獨立，至於世界的性質和目的，又人和世界的關係，此乃是哲學上問題，終不能和倫理學脫離關係；因為眞要完全說明道德現象，就不能不在哲學方面去打主意。

（二）倫理學和心理學的關係　倫理學所研究的，是人生，是人生的行為。人生行為，不僅是生理動作，最重要的，還是精神作用。可知研究到倫理問題，就不能不和心理發生密切關係了。在心理學家對於人類精神現象，加以分類，加以說明，固然是不關於道德判斷，而在倫理學家，要批評一種道德判斷的當否，就不能不考察到行爲的原理。要考察行爲的原理，就不能不分析到心理現象。這乃是一定不可移易的道理。況且論到道德的感覺，義務的情感等，更是無一件不關涉到心理學問題。所以美國學者薛雷（Thilly）論及倫理學和心理學的關係，列舉例題多種，兹可依朱進先生的譯文，錄之如次：

(1)道德之行爲，果必有特殊之品格，或桓表歟？

(2)吾人必褒善貶惡，果何故者？

(3)又吾人善惡見解之標鵠，果爲何歟？善者何以爲善？惡者何以爲惡？

(4)倫理學嘗論述德與義務之事，若者爲仁，若者爲義，若者爲忠信，以及若者爲不仁不義不忠不信之行，吾人道德之裁判，果必有一定不可移之準的或範疇乎？然則此範疇爲何？

(5)此準的也，範疇也，吾人果能爲之辨白乎？抑爲不能辨白，或不必辨白之事乎？

(6)今使有一準的焉，範疇焉，則何者爲德行？何行爲非德？

(7)人之於其道德之範疇，果爲拳拳服膺，始終勿渝者乎？

(8)何者爲吾人之至善，成一生之正鵠，吾人果能以科學之術以籀所謂至善乎？

（以上均見朱譯薛蕾的倫理學導言）

這一大堆倫理學上的問題，可說是沒有一個不和心理學發生關係。不過倫理不僅僅考察行爲主觀之部，並且要考察到客觀之部，有時還要論及兩部的交互關係。這是倫理學所以特異的地方。若說到倫理學的材料，往往爲心理的順序，也可以作爲心理學的對象；這又不僅是倫理學是這樣，就是美學也是這樣，因爲美學所研究的，大都也是心理的現象。

但是，倫理學和心理學關係，雖然密切，而他們的特殊範圍，仍不能不各自劃守。如心理學所研究的，當然只能以說明心理上覺悟的狀態爲限，不當涉及行爲原理。至於人生正鵠何在，由何辨別善惡標準，便和心理學渺不相關了。雖在心理學家，時常注意到這些問題，究以界限所在，不容踰越其一定範圍。如是由研究心理之故，更進一步，則倫理學論理學美學，皆可以涉及。本來心理學這門科學，他的用途，是異常之大，異常之廣。

(三)倫理學和政治學的關係　研究人類行爲，以求達到人生圓滿目的，是倫理學的職務；研究國家行爲，以求達到人生圓滿目的，是政治學的職務。國家本是社會的一種，由人類把他組織成的，如若視人爲社會的一員，則這兩種學問，幾幾乎沒有什麼區別。因爲倫理學是研究組織社會的人，政治學也是研究組織社會的人，皆是從人類的目的，以批評其行爲，而視爲道德判斷的對象。照柏拉圖說：『倫理學是研究至善之學，國家的目的，就是在於實現至善。』如此，則倫理學可以包括政治學，政治學轉成倫理學的一部分了。照亞里司多德說：『國家是至善的，人類一切行爲，不過在補助國家利益的時候，才看出他的價值。』如此，則倫理學又可屬於政治學範圍之中，僅僅做他的一部分了。平心而論，兩氏之說，均不免稍有所偏，一個把倫理學的範圍，擴張得太大，一個又把倫理學的範圍，收縮得太小，似乎皆未能認明倫理學的實在職分及其發展的次序。

倫理學的職分，在乎測定行爲的原則，指出道德判斷的基礎，是專就人類的品性行爲，加以分析，認定行爲及品性，是道德判斷的對象。政治學的職分，則在研究國家的起源，性質，及構成國家的種種政體，並及於國家的目的及一切政治法律。是以政治學所分析的，在外面種種的形式制度，分析之後，再加批評。其目的也是爲指導人類行爲，做滿足人類意志欲望的一種工具。可是，他的研究對象，則爲政治組織及政治行爲。至於論到兩種學科發展的次序，當然是倫理學在先，政治學在後；因爲我們必先知道正行內面的性質，而後才能判定發於外面的形式。

可是，我們能够明白這兩種科學所以區別之點，也就可以明白這兩種科學所以關聯之點。

第一，人爲組織社會的主體，國家政治的種種現象，皆是由於人類行爲構成。人既居社會的一部分，所以要研究政治及社會，萬不能離開了人生，拋掉了人生行爲。

第二，倫理學是示人以行己之道，多屬於個人的私德方面；政治學講求國家治平之術，以及羣己交際之方，多屬於國民的公德方面。所以國家的正鵠，和個人的正鵠，並無十分大異，且可互爲表理。

第三，由倫理學規定出道德原理，指示出人生行爲的正鵠——道德律，而政治學者亦可以本着這種道德律，認定國家正鵠之所在。

第四，我們果欲爲政治上制度的批評，勢必以倫理學爲基礎。

由此以觀，他們雙方的關係，也就可以瞭然了。

以上所述的三種——哲學，心理學，政治學，皆認爲和倫理學有極密切的關係。此外關係較疏的，還有三種，也可以簡略述之如下：

(一)生物學　自研究生物學發明『進化論』以來，人類固有思想，爲之一變。依照進化論者所說，謂人類是由下等動物進化而成，因而根據進化的理論，以研究倫理，遂認定人類有意行爲，實由於動物的無意行動而起，人類的道德，也是由下等習慣，進而至於高等理想；且謂人的行爲，能促進生物進化的，便爲善行爲，妨害生物生存的，便是惡行爲。於此可知研究生物進化論，實在是補助倫理學的研究不少。可是，若過於拘執進化論的理論，強倫理學以從我，其流弊也不能盡免。

(二)法律學　法律學和倫理學，同是研究人類行爲，用以判定其價值何若。可是，倫理學的判斷，是善惡的劃分，重在實質；法律學的判斷，是正邪的區別，重在形式。這卻是二者不同的地方。不過法律上的邪正，不能不本之於倫理上的善惡觀念，這也是顯著的事實，無可疑惑的，所以要研究法律學，必定要拿倫理學的知識，來做一個重要基礎。

(三)教育學　教育學的目的，在以一定理想，引導人類趨於完美之域；倫理學則討論道德判斷的標準，用備教育學家的採用。所以教育學的實際應用，其勢也不能不借助於倫理學。

第二編　道德行爲論——論道德判斷的對象及其相關的各問題

第一章　行爲

第一節　行爲的特質及範圍

倫理學研究的對象，是道德標準。道德標準的發生和成立，是由於道德評價。道德評價，也就是道德判斷。道德判斷的對象，便是道德行爲。道德行爲，本是人類所獨有，所以開始研究倫理學時，對於人類行爲，不能不詳加考察。

行爲，也可以稱做『動作』；人類行爲，便是人類動作，兩者用語不同，意義却是一樣。動作，並可以稱作『活動』或『運動』。惟就普通言語習慣上說、運動，是包括一切有生物和無生物的動作而言；活動，是包括一切動物的動作而言；行爲，則專指人類的動作而言。

本來宇宙萬物，皆是以『動』爲本體，沒有動，則有生物固無以維持生存，即無生物，也無以顯其存在。地球的繞日以行，是動了，星隕落而成石，也是動。水上蒸而成氣，氣遇冷下降而成雨，是動了，岩石分解而成沙成土，木器歷久而腐朽敗壞，鐵在空氣中而生銹，養輕化合而成水，也無在而不是動。總之，凡是物理現象，化學現象，所以示我們以種種變化，大概皆可以『動』之一字賅之。

無生物的成毀，及其成毀的進行，既是動了，若有生物的維持生活，繼續生活，前死後繼，父亡子承，也是在『動』的茫茫長途中，天天做那不識不知自然而動的生活。如植物吸收水分，傳播花粉，如下等動物的運動，吸收，分裂，生殖，如高等動物（指鳥獸）的覓食，築巢、游水，攀樹，自有生以至身死，他的動作，幾無一息之停，停便生活終了。如若就他的種族繼承一方面說，無死便無生，無滅便無存，則雖是死滅的現象，仍然可以說是動的進行，動的繼續。

到了最高的人類，則動的機關，就更形複雜，動的種類，就更形繁密，而動的程度，也就更形增高了。食物入胃腸而營消化，無用的水分，入腎臟膀胱而營排泄，肺部自能呼吸，皮膚自能流汗，此皆是內部自發的動作，和其他動物，並無大異。眼接物而視，遇強光而急閉其睫，耳接聲而聽，遇強音而急轉其首，此皆感受外面刺激而起的自然動作，和其他動物，也無大異。因身體內部色腺分泌，而起色慾的衝動，進而發生求偶的動作，因腹饑感受『自家消化』，而起食欲的衝動，進而發生求食的動作，此是因內生感念，外接感物而起的動作，和其他動物，也無大異。因見他人之行動，或自思一己或他人以前之行動，於是生欣悅之心，或愧憤之情，也是一種動作，這是純以心理的，精神的，爲發動之因，而後才繼之以生理的活動。恐怕這是人類所獨具，其他高等動物，雖然有之，其分量也是極微極小。

至於人類以口發言，以手取物，以足行路，這一類動作，在未經發表以前，心意上，必先有一番籌祭選擇作用，——就是對於許多目的，籌計度量，擇定一個，向之實施動作。既經發表以後，又必直接間接和動作者自身以外的人，發生好壞的影響；就這個影響，可以判出行爲的價値，說他是善，或是惡，恐怕這更是人類所獨有，無論其他的什麼高等動物，皆不能達到這種程度罷！有人說：如犬的守夜，雞的司晨，他的行爲，不是很有價値，且具有目的麼？但是，此乃是動物的一種衝動，一種本能，爲我們人類所利用，使之適於人類的目的，在犬鷄並不自覺其行爲的目的何在，所以不能判定他的價値。

可是，人類的發言，取物，行路等各種動作，也有不盡是經過心意上的審度選定專向一種目的進行的，如夢中囈語，隨手開門等，本是出於無意，這在生理學上叫做『反射作用』，用以別於其他的有意行爲。

綜觀以前所說，可知由無生物，植物，下等動物，高等動物，一直上去，到了最高等動物的人類，幾乎沒有一分一秒，能和動作相離；而動作的種類和程度，却也是千萬不齊，千萬不等。其他不必論，現在可專就人類的動作，詳細來說一說，以便辨明道德行爲之所在。

如血液流行，食物消化，空氣呼吸，是純粹屬於生理方面的動作；若因心理作用，引起生理作用，則可屬於精神方面的動作。精神動作，有是顯於外的，如因樂而手舞足蹈，因悲而流涕哭泣，有是不顯於外的，如衝動暫起而旋滅，回想暫起而即亡。有是自覺的，有是不自不覺的。有是出於欲求的，有是不出於欲求的。有是經心做出來的，有是不經心做出來的。有是由完健人格發出來的，有是由不健全人格發出來的。有是行爲由內發外已完成的，有是未能完成的。有純由個人自由決意做的，有是由外勢所迫，不得已而做，並非一己所願的。

那末，所謂人類道德行爲，究竟是屬於那一種呢？粗淺一點說，自然是精神動作，顯於外的動作，自覺的動作，發於欲求的動作，完健人格的動作，經心的動作（經心亦可稱做「故意」），已完成的動作，由個人自己決意願做的動作。如若嚴密把道德行爲，定出一個界限，可以說他有三項要件：

(一)是自願的——由內面發生願望，就外面指出目的，不達目的，則不能滿其願望，此時心意上必起一種不安寧的狀況。

(二)是自知的——願望和目的，均極明瞭，欲爲之念，欲達之意，皆爲個人所詳知，此時心意上能呈出一種明瞭的觀念。

(三)是自擇的——內面所欲的東西，只有一件，而外面可達的目的，則不止一件，決定向那一個目的去做，則必有一番審度，一番選定，選擇定了才做，此時心意上必經歷了一種複雜的思考過程。

這就是在沒有發生身體外部動作之先，必心有所圖，立定『意志』，然後再本此意志，向自己所擇定的目標去實施動作，由心理指揮生理去動作，所以意志是行爲的主要幹部。（關於『意志』，下文尚須詳說。）這種意志，並不是和小兒索乳的盲目行爲一樣，他是能明白意志所欲爲的是什麼。必如這樣行爲，才可以負道德上的責任，才可以施是非善惡的批評。這就是倫理學上所謂『道德行爲』。

可是，還有兩件事，我們不可不注意的：㈠行爲者的主體，必具有完健的人格。如是患癲癇之人，往往發爲妄語暴行，雖是他的行爲，是自己所欲的，所知的，甚且也是出於思慮的；但他純是病理的狀况所表見，和常人觀察，論斷，絕不能一致。這一種行爲，可以說，不是他『人』的行爲，乃是他

『病』的行爲；病的行爲，當然不能負道德上的責任。至於小兒心力尚未完全，老人心力業已衰減，所有行爲，雖和有病人不同，但他不能具有明瞭意識，一則出於無意的衝動，一則出於恍惚的心情，自然不能完全承認他負有道德上的責任。因爲這一類人，皆不能具有道德的意志，也就是他不能具有斷定是非善惡的知力。(二)行爲者雖有道德意識，或因外來勢力，壓迫太甚，使一己不能抵抗，結果不能不有特殊之舉，如船長遇風而拋棄客人的行李貨物，則因不棄物則無以救人，所以對於棄物的行爲，不能說他是不道德的行爲。又行爲時並非出於個人自由意思，如檢察官，受長官命令去殺人，這種殺人的行爲，也可說是由於外力迫壓，認是他的職務所在，絲毫不容自己加以思慮，有所選擇，自然也不能受道德的評判。

此外還有一層，也是我們所應該注意的：就是道德行爲，必行爲者和別人有利害關係發生，才能成立；倘是沒有利害關係可言，也是不能負道德上的責任。我們說自殺者不對，因爲他一人自殺，使他的父母，失其奉養，他的妻子，失其撫育，國家少了一個國民，社會少了一個分子；倘若這一個人孑然處於孤島之上，和人羣不相接觸，自殺也罷，不自殺也罷，我們也就無從對於他的行爲，下善惡的批評了。不過嚴格說起來，世界上斷沒有離羣獨立的人，因而人的行爲，無論如何單獨，總不能說和別人沒有一點利害關係；就如一個人幽居一室之內，每天起來，洗臉，刷牙齒，著衣服，看報紙，總算是他的行爲，和別人無關係了，但是，如不洗臉，不刷牙齒，便是有碍衛生，著衣服不小心，便容易遭涼生病，不看報，便覺是知識淺陋，或看報誤解，便是見解荒謬，事雖屬於個人，結果，也不能說和大羣的社會，沒有一點間接的影響發生。可是，普通分別行爲，都認他有兩種，——就是一和道德有關的，一和道德無關的。斯賓塞爾（Spencer）曾經說過：

我們大部分的行爲，都是與道德無關的。譬如我們自問：今日我去觀瀑布呢？還是去游海岸呢？這個時候，觀瀑布和游海岸兩個目的，都與道德無關。假如要觀瀑布，我們從樹林裏走過去呢？還是從荒地裏走過去呢？這個時候，走樹林，走荒地，兩個方法，也都與道德無關。可是，有一個朋友，曾游過海岸，但沒有看過瀑布，我們若要顧及朋友的目的，就與道德發生關係了。走樹林近些？走荒地遠些？那方法便與道德有關了。（見杜威實驗主義倫理學所引，照錄周谷城先生的譯文。）

如此看來，人類行爲，是顯然分成兩種了。

現在再把杜威所說的話，引在下面。杜威說：

假如有許多目的，浮於我們心目中，這個與那個，又不一致，而且常相衝突。那末，我們便不得不加以選擇工夫，擇其與我們心願相合者，而去其不合者。凡同時的許多目的，其價值絕不能完全相等。

我們行事，又不能完全把這些目的，一律採用。所以那個最有價值，那個眞有價值，那個價值較低，都要加以詳細的簡擇，萬不能任着自然，隨便做去。

我們倘若把目的定了，便設法作去。但存心要達到這選擇的目的，便覺有許多困難，所以我們於定了目標，沒有方法之後，還當努力的打破困難。這個時候的行爲，與沒有目的的行爲，大不同了。無目標的時候，作起來很順手，現在不順手了；無目標的時候，作起來很如意，現在不如意了。總而言之，從前作來，不費心思，不負責任，可以隨便，（如個人往觀瀑布，從樹林裏去也可以，從荒地方裏去也可以。）現在却要用心思，要負責任，不能隨便了。所以從前的行爲，是自然的，現在是道德的。

這種有目的的行爲，其結果不僅達到預定的目的，即對於他種目的，以及對別人的行爲，都有很大的影響。譬如小兒要吃東西，所得東西，自然是他的目的，但東西到了手，這東西可吃不可吃，他的肚子能否消化這東西，便又成了問題。因爲這都與他生存的大目的有關係。不獨如此，倘若東西別人也要吃，他便把這東西取去，別人便要挨餓；那末，他這取東西的行爲，便與別人的行爲有關了。

所以從時間上看去，我們的行爲，現在所生的結果及對於將來所有的影響，我們自己萬不可忽視；從空間上看去，對於別人的效果及對於自己的效果，我們也要同樣負責。這種責任，最初或不明白，但經過一次，便明白一點；經過兩次，便多明白一點；時常經驗，便可由略明白變爲完全明白。

杜威又說：

我們的行爲，有許多目的。這些目的，不但不相調和，且相衝突；所以必須審度，必須選擇。這種選擇工夫，就是道德的行爲，（屬於道德的行爲，未必一定是好的。）與普通行爲的異點。普通的行爲，雖有相當的價值（如穿衣看報之類），但不甚注重。道德的行爲，則必注重價值，注重眞的價值。由是我們可以下個定義如下：『所謂道德行爲，乃價值觀念所引出的，指示的。所謂價值觀念，又係多數不相容的目的，未動作之先，必須詳細的選擇。』（均見杜威實驗主義倫理學）

我們看杜威所說的話，則於道德行爲的性質和標準，就更可以明白了。

繼此，可再就行爲主觀和客觀的兩方面，略加說明，以便認定他的範圍所在。

第一，行爲的主觀方面　就心理上行動的程序說，行爲主觀方面，應分動機，選擇，決意三級。主觀對客觀，有所欲，有所求，這就是動機。欲求既起，便有種種思慮，繼之以起，這就是選擇。經過思慮之後，確定取捨態度，這就是決意。通常所說的意志，就是合選擇決意兩種作用而言。由此看來，欲望，可爲意志的先導。凡是感覺，感情，觀念，在心理上，必須具有可以爲人所欲的性質，能引起意志作用，方可以稱作動機。動機在行爲主觀方面，是不可少的一種要素，自然也是具有道德上的價值。

第二，行爲的客觀方面　意志所以顯著於外，賴有身體動作；在客觀行爲方面，不僅限於身體的動作，就是由動作引起身體以外事物的變化，也應該包括在內。以手取物，被取之物，當然要易其位置；以拳毆人，被毆之人，必定要感其苦痛。所以有了一種動作，就有了一種結果，繼之而起。不過結果也不能一樣，有是直接的，有是間接的，還有爲他種結果所借徑的。屠孝實先生著倫理學講義，解釋行爲主客觀兩方面，曾列有一表，可以把他引來，以供參考。

- 行爲
  - 主觀方面
    - 動機
      - 客觀動機——欲求之對象
      - 主觀動機——欲求之意念
    - 意志
      - 選擇作用
        - 目的之選擇
        - 方法之選擇
      - 决意作用
  - 客觀方面
    - 動作——根據意志的生理運動
    - 結果
      - 直接的
      - 間接的
      - 方便的

第二節　品性——品性的特質，發展，及其和行爲的關係

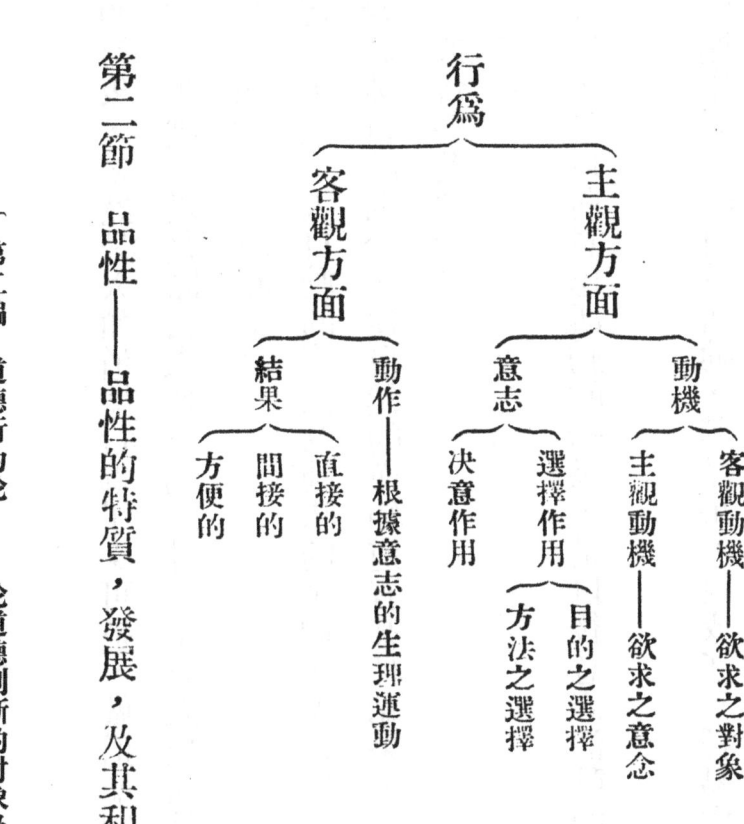

道德判斷的對象，誠然是人類道德行爲了；可是，做道德判斷對象的東西，還不止行爲一種哩，就是除去人類行爲之外，還有人類的品性。

『品性』是什麼東西呢？杜威說：

『品性』，是個人自動的趨向及趣味的全體，所以使人對於某目的則熱，對於某目的則冷，遂自然的僅知道有某種結果，而不計及其他的結果，或仇視其他的結果。

温特（Wundt）說：

『品性』，是以前意志活動的結果，是以後意志活動的原因。

吉田靜致說：

我們屢作同樣的有意活動，其結果，遂成了一種易作某活動，難作某活動的傾向，而養成表現其所易爲的習慣，就叫做『品性』。

於此我們便可以知道品性是由習慣鑄成的東西，凡是不必有意，自然而然的，便可以做出某一種行爲，這就叫做『習慣』；具有某種習慣的人，便說這人具有某種品性。品性和習慣，本是一而二，二而一的東西。

現在再看一看，習慣是怎樣來的呢？我們可以說：習慣是逐漸養成的，不是突然生出的。當習慣未成之前，皆是有意的動作，到了習慣成功之後，便爲無意的動作。因爲習慣既成，則意志已完全爲習慣所征服而不能抵抗。就表面上看，似乎行爲者主體，對於習慣的動作，不是出於有心，可以不負什麼責任。可是，我們要知道，習慣所以能養成，是由於有意動作的積纍。我們如若把習慣的動作，看成一個孤立事實，自然他的動作，是無意的，可以不負責任。但是，細加考察，則知這種習慣，其初决非偶然而生，實在是得之於有意。如此，自然就要負道德上的責任了。我們對於這種出自習慣的動作，要施以道德判斷，正是爲判斷那有意動作的一個羣列。現在可拿個人和團體的關係，來做一個比譬：在個人行動時，本是有意的，到了由許多個人，結合成一個團體，便由個人心理，一變而成群衆心理，由個人行動，一變而成群衆行動，至此則群衆所表現的心理，和所發出的動作，就往往特呈異狀，似乎不能由個人自主，一出於無意識的樣子。我們難道可以說這種團體行動，就能不負道德的責任麼？無意的習慣，是有意的行爲，反復練習的結果；盲目的群衆的行爲，是明目的各個人公同聯合的結果。習慣的爲好爲壞，全看平常有意的行爲何如；團體行動的爲好爲壞，全看各個人理知的程度何如。所以在習慣未成以前，要好好訓練有意動作；在團體未結合以前，要好好訓練個人理知。習慣總是要成功的，團體是人類生活所不能少的。苦志力學，久之，自能養成勤勉刻勵的習慣，鑄成一個勤勉刻勵的好品性。博奕飲酒，久之，自能養成放蕩游惰的習慣，鑄成一個放蕩游惰的壞品性。孔子「七十而從心所欲，不踰矩。」「盜蹠則『日殺不辜，肝人之肉。』」（用史記伯夷列傳司馬遷語）在孔子心意中，無往而不是道德觀念，動作起來，自然不待審愼抉擇；盜蹠則是滿胸中充滿虐殺的動機，發動起來，自然也無待乎猶豫考慮。可知孔子的「不逾矩」，絕不是隨隨便便得來的；盜蹠日以殺人爲快，也不是一天兩天練習成功的。倘是以有意的行爲，爲判斷道德的條件，則孔子也就不足羨，盜蹠也就不足責了。杜威曾經說過：

> 凡自利的人，未必是專爲自己打算，未必詳審彼我的利害，而後擇定利己的行爲去做的。本來經過通盤計畫之後，故意以他人利益爲犧牲的人，絕不多。自利之徒，初未嘗留心計度人己的利益，只因其性質自然流於利己，遂至不顧他人。故其損人利己的行爲，初非熟計而後爲之，因爲他本來是沒有顧慮他人的心思呀！

如此說法，總算是平允極了。這樣看起來，自利之行，未必是出於有意，我們何以偏要說孔子是聖人，盜蹠是惡人呢？實在我們因爲評論善惡，不僅考察行爲的外表，還要考察行爲的內容，品性就是行爲的內容，所以也就是道德判斷的對象。

品性所以能爲道德判斷的對象，是認定良品性，一定能發出善行，壞品性，一定能發出惡行。可是，天下事也未嘗沒有例外。倘若善人忽然有不德之行，必定要加倍的責難，這正合於所謂『春秋責備賢者之義』。要知道所以苛責他的原故，正是因爲他不能謹守品性，認爲反乎故常。這是預計他具有好品性而斷論他的行爲的。倘若素性吝嗇的人，忽然有疏財仗義之舉，又必定要特別加以褒美，又正合着所謂『予人以爲善』之理。實在因爲他平日本無好品性，竟能發生好行爲，認爲難能而可貴。這是預計他沒有好品性而論斷他的行爲的。因此我們可以得着了相對的兩種論法：就是(一)責其不能保存好品性，(二)嘉其能改良壞品性。本來品性這種東西，是爲以往意志活動的結果，又可爲以後意志活動的原因。保存好品性，其勢易，改良壞品性，其勢難。有好品性，而不知保存，竟至發出惡行，可以爲造成壞品性之端，所以要加倍責難；有壞品性而能改變，竟至發出善行，又轉可以爲造成好品性之本，所以要破格嘉美。古人說：『行百里者半九十』，這是對於『晚節不終』，不能篤守好品性者而言；『放下屠刀，立地成佛』，這是對於中途改過，能變更壞品性者而言。可知品性與行爲，關係是十分密切，舊品性也未嘗不可改爲新品性。至於怎樣才能使好品性永遠保存，且日益發展，怎樣才能使壞品性翻然改易，另換成好品性呢？就主觀方面說，則賴乎『自克』，就客觀方面說，則賴乎『教育』。

以上所說的一大段，關於品性的特質，可算是大致明白了。現在可就養成品性的要件，再詳細說一說：

養成品性的第一要件，是有意行爲，反復練習，此在上文已經略略說過了，本段所要說的，就是『環境』和『遺傳』兩項。因爲習慣的修養，品性的鑄成，與這兩項均有密切不可離的關係。

『環境』，就是環繞個人外界的各種勢力。大類區別起來，約有三種：(一)自然環境——如山川風土物產的影響。大陸之民，多沈毅雄偉，海國之民，多活潑進取。『沃土之民多材，瘠土之民多憂。』『富歲子弟多賴，凶歲子弟多暴。』皆是屬於這一類。(二)社會環境——如由歷代傳下來的政制，風俗，皆足以影響於民族品性。久受專制之民，則多猜守固閉，素重自由之民，則多踔厲奮發。西漢重勢利，東漢重氣節。中國人階級思想，歷久而不破；歐洲人功利主義，雖敗而猶存。皆是屬於這一類。(三)人為環境——如現代思想以及教育政治的影響。曾國藩說：『風俗之厚薄，奚自乎？自乎一二人心之所嚮而已。……此一二人之心嚮義，則眾人與之赴義，眾人所趨，勢之所歸，雖有大力者，莫之或逆。……所謂一二人者，不獨在位，彼其心之所嚮，勢不能不騰為口說，而播為聲氣，而眾人者，勢不能不聽命而蒸為習尚徒蔚起，而一時之人才出焉。有以仁義倡者，其黨徒亦死仁義而不顧；有以功利倡者，其黨徒亦死功利而不返。水流濕，火就燥，無感不讎，所從來久矣！』這是就思想和教育的影響說的。若就國家政治方面說，如大小官吏，貪墨成風，社會自然不知清廉為何事。有權勢者，以破壞法律為能，則人民守法的習慣，自然不能存在。古人說：『蓬生麻中，不扶自直。』又說：『近朱者赤，近墨者黑。』孟母教子，所以要三遷，孔子必以里仁為美。如此，我們也就可以知道環境和人類品性的養成，有密切的關係了。三種環境之中，尤以人為一端，關係最重。何以呢？因為山川物產，由於自然，歷史遺習，頑性最重，均不易猝加變易。惟有藉現代思想教育及政治等人為的力量，以利用或改良自然及歷史的勢力，使人的劣性，變成良性。

『性』由先天『遺傳』來的，和後天品性的鑄成，關係也極為密切。大概說起來，就『性』之一字，可以分為三項：(一)是『天性』，這是具有天然的本能而言，如能視聽的官能，如能感苦樂的情緒，如見光而避，因饑思食的衝動，凡是不待教而知，不待學而能的天然能力，皆屬於這一類。這一類本無善惡可言，將來後天發達起來，也可以成善，也可以成惡。在中國哲學史上有一個久久爭議不決的問題，就是『性善』『性惡』的問題。實在說起來，孟子主張『性善』，是把後天一部分的『理性』加入，是取廣義中之最廣義的；荀子主張『性惡』，是專就狹義的天性，將來專向不善一方面發展的而言，是取狹義中之最狹義的。兩人皆不免略有所偏。還是告子『性無善無不善』的說法，揚子『善惡混』的說法，比較的近於眞實。(二)是『品性』，這是就後天已鑄成的習慣而言，雖是以先天本性爲基本，但他已加入後天若干次的有意活動，反復練習，因而鑄成一種特殊的習性。在本節內前文所討論的，就是這個東西。(三)是『性質』，也就是『氣質』，是附着於生理，根據於『遺傳』的一種天然能力，孔子所謂『上智與下愚不移』，荀悅韓愈指出性分若干等，皆和這一種性有關。如一個人，生來聰明，生來舉動活潑，一個人生來魯鈍，生來舉動遲緩，這皆是指先天性質，或『氣質』而言。現在要論述『遺傳』，可以專就『氣質』方面，略說一說。

據生理學家言，人的性質，存於細胞核內可染體；而人之初生，則由於父母生殖細胞的凝合。父母生殖細胞，各含有範定其性質的核內可染體。及兩個細胞，凝合為一，他的核內可染體，亦凝合為一。細胞合而復裂，每一次分裂，必倍其原數。因此核內的可染體，也隨之而裂。所以組織我們身體的各細胞核，皆要含有父母生殖細胞中的可染體在內。含有父母生殖細胞的可染體，就是含有父母的性質。性質傳遞，便是『遺傳』。

自祖先父母傳遞而來的性質，綜錯雜居於我們組織身體的細胞之中，因此，我們的性質，也就不能不為我們生理所範定。在古代歐洲心理學家，曾把人的氣質，分為四類，雖屬舊說，還不能盡廢。那四種呢？（一）多血質（

Sanguine Temparament)，（二）膽汁質（Chaleric Temparament），（三）神經質（Melanchalic Temparament），（四）粘液質（Phlegmatic Tempararamnt）。大概具多血質的人，易感而應速，但乏堅忍貞固之操，稍久即弛，他的短處，在於輕舉妄動，沒有熱力。具膽汁質的人，感覺遲鈍而少變化，但是思慮周詳，不易爲情感所役；惟往往剛愎自用，其弊至於放浪恣睢而不仁。具神經質的人，感覺銳敏而有恆，既兼多血膽汁兩質之長，而又天才秀逸，思力邃密，迥異庸流；但是歌哭纏綿，易爲情役，其弊處，在於柔懦憂疑而少決斷。具粘液質的人，感覺既不銳敏，又乏忍耐力，往往頑鈍昏惰，無敢爲的氣概，無活潑的心思；可是，不至役於情感，小心謹慎，也可以養成勤儉耐勞，誠實可靠的好人。

這四種性質，是與生以俱來。就他的本質說，自然不能負道德上的責任，加以善惡的批評；可是，因挾此不同的性質，和社會人羣相接，卻易釀成一種特殊品性。如多血質的人，容易養成奢侈性；膽汁質的人，容易養成殘忍性。這是就壞的一方面說的。在好的一方面，多血質的人，也可養成仁愛性；膽汁質的人，也可養成正直性。若合四種性質，加以比較，自然是粘液質最下；若就每一種性質以觀，則又皆有可好可壞兩方面。後天發展，總看環境何如。要想培養成好性質，變化去壞性質，自非依賴良教育不可。

我們在此處却有一個應注意的地方，不能不補說幾句：就是由遺傳來的性質，可以成爲自然的傾向。這種性質，這種傾向，僅能做品性未製成時的材料，却不能說他就是品性。蓋必待用意志及知力整理這些材料之後，品性才能成立。

還有一層，應該附帶一講的：就是就品性自身說，已成的品性，和成長的品性，大有區別。在已成的品性，行爲可以由他決定，凡是一個一個的行爲，皆可認作品性的代表；若正在成長中的品性，則又可以受行爲的意志決定。蓋斯時固定的習慣，尚未成功，必待由有意的行爲，反復積纍，乃可成爲一種固定的品性。所以品性當初生時，是有意的，到了結局時，倒是無意的。

因此品性和行爲的關係，我們也就可以明白了。可是，世人往往發生誤解：一則說是：品性和意志的關係，是極其密切的；但是他們的關係，僅在外面，凡一切內面所發的行爲，皆是由品性所決定，而品性不過是一種外界的境遇，殆如物理上的結果，出於自然界的原因一樣。此是『意志不自由論』者的主張，誠屬過當，我們當然不能完全承認。果如所說，則人的行爲，一出於自然的結果，尚復有何責任可言？二則說是：行爲的意志，能離品性而獨立，意志是具有選擇的神秘力。此又是『意志自由論』者的主張，其過當與前者同，我們也是不能完全承認。因爲果如所說，則自由選擇的作用，豈不是歸於一種抽象的勢力，和具體的『我』，不發生什麽有機的關係了麽？如是這個樣子，則道德的判斷，又何從加起呢？（關於意志及意志自由與否問題，待下文再詳說。）

我們要知道：（一）品性絕不能離意志而獨立。（二）人是不能和自然的機械一樣。（三）品性能決定行爲的意志，因品性本來是意志練習的結果。（四）行爲的意志，也能決定品性；但是，此種品性，還是在生長進行之中，未達到固定的境地。（五）由品性而發爲行爲，雖爲無意，可是，實爲有意行爲所積成。蓋必如此解釋品性，說明品性，乃能明白品性所以能爲道德判斷對象的理由。

第二章　意志

第一節　意志的特質

人類動作，必由意志作用，而後才稱爲道德行爲，受道德行爲判斷。所以有人說：『行爲是意志的表面，意志是行爲的裏面。』在英語謂意志爲『Will』，或則訓作『心向』，或則訓作『主意』；大抵皆是指行爲發動時心意所專向的狀態而言。照中國的字義講起來，意志兩字，本可互訓，——許氏說文心部下說：『意，志也。』『志，意也。』廣雅釋言，既訓意爲志，釋詁，復訓志爲意。又禮記檀弓注，荀子王霸篇注，也是如此。可見二字的意義，完全相同了。可是，徐鍇說文繫傳則說：『心有所之爲志，志見於外曰意。』他却是把意志略略分開來的。到了宋明諸儒，分析意志的說法，那就更多了：朱子語類，引張橫渠的話說：『以意志兩字言，則志公而意私，志剛而意柔。志是公然主張要做的事，意是私地潛行間發處。志如伐，意如侵。』又說：『志是心之所之，一直去的，意又是志之經營往來的，凡營爲謀度往來，皆意也。』又說：『意者，心之所發，志者心之所之。』陳淳的性理字義上說：『志有趨向期必之義，意有思量運用之義。『劉蕺山答史子復書上說：『意者，心之中氣，志者，心之根氣；故宅中而有主曰意，靜深而有本曰志。』此皆說『意』和『志』是有別的。但是，這種區別，在心理方面，是否有科學實驗的根據，殊不敢說。如就古書上看，荀子內的意志連文，不下數十見；而董仲舒的春秋繁露，也是以訓志者訓意，──循天之道篇上，即有『心之所之謂意』的說法。可知後儒的無故分析，實在是有點靠不住。又凡析言意志的，多是尊志而輕意，總以爲志是善的，意不是純善的。所以楊慈湖以『不起意』爲宗，王陽明也說：『意有善有不善』。看他們的主張，似乎認定『志』是與『性』相近，『意』是與『欲』相近的樣子。這樣說法，那就更靠不住了。（宋儒分性欲爲二元，純出於漢以後道家的謬說。）

本來說明意志的現象，是心理學上一部分的事，此處則僅就心理學上所研究的結果，提要說一下，以便明白意志的特質，且可由此知道意志和行爲的關係是怎樣。

要說明意志是什麼，不妨取心理上的四種現象，各提出一個字來包括他。那四個字呢？

(一)感

(二)欲

(三)慮

(四)斷

一個人在動作開始時，把這四個字，次第經歷完了，便成了意志作用。現在可照這四部順序，說明一下：

第一，因感覺發生苦痛的感情。這就是對於現狀感到不滿，如普通言語中，所謂『缺憾』者是。旣感到不滿，而猶身居其境，自然就覺着苦痛了。舉個例來說能：如腹餓，則精神疲茶；如空氣冷，則身體戰慄。在疲茶時戰慄時，既易起不滿之感，更易引出不快之情。此等感情，實在是有意識的動作中所萬不可缺的要素。不必說普通日常小事了，即在科學研究，美術研究的進行中，也是絕不能少；何以呢？倘使其中沒有感情原素，則對於求得知識的思想，必至視爲得不足喜，失不足惜之事，試問研究動力，從何而起呢？就前例以言，當感到腹餓身冷之時，苦痛之情，充滿於心，此時有意的動作，實已具有萌芽，隱約間含有不言的判斷在內，——就是說：『我覺得很餓』，『我覺得很冷』。此乃是意志最初發動時所必經的第一步。

第二，是對於標的物所起的一種欲望。到了此時，實已有新原素加入了。仍照前文所舉的例來說能：(1)是觀念發生——既然感餓感寒，一定發生『要做飯吃』，或『要買麵吃』的觀念，『火與熱在某方面某距離』的觀念，同時還要發生『得着一飽得着一煖之我』的觀念。(2)是觀念相比照——既有『惡餓惡寒之我』的觀念，與『將得食』『將得火』的觀念相比，則目前饑寒的苦痛，便可和『快樂存於食存於火』的觀念，兩相比照而益明。(3)發起奮興狀態——如若食的觀念，火的觀念一起，隨即有快樂令他享受，則欲望也就可以不生，可是，欲望之起，必有一種不可猝然除去的抵抗力存在，因有抵抗力，橫在得食得火的觀念與享受快樂的境地之中間，使目標已立，不能達到，因此就起了一種奮興的狀態。這一種奮興狀態，可以說是由我現在狀態，和我將來狀態的兩種觀念，互相反對而起。如要得食，還是做飯便利呢，還是買麵便利呢，這兩種欲望，一定相爭而不肯相下，——甚且不止兩種。如要得火，還是到炭爐旁邊去好呢，還是做過某事再去就火好呢，此兩種欲望，也是互爭而不相下。在這種互爭不能遽然决定的狀態之下，就是一方面快樂的目的不能遽達，一方面又非要把他達到不可，這樣一來，心理上自然就要起了一種不安寧的現象。這種現象，可說是欲望的現象，或欲望的態度，也可說是『動機』。此是意志作用進行時所必經的第二步。

第三，繼此，乃到了思慮的境地。因爲所欲望之事，不是一樣的，所以對於兩不相容的對象，必定要擇一以從，此時自不能不下一番審察比較的工夫。究竟是『飯易做呢？』還是『麵易買呢？』我們不可不審度一下。究竟『直接去就火好呢？』還是『待做完某事，再去就火好呢？』我們也不可不審度一下。思慮之起，就是爲促進審度作用。這個時候，意志已漸漸顯出威權來了。此爲意志作用將完成時的第三步。

第四，意志既顯出威權，審度各種不同的欲望，於是必定要擇定一個，把其他不中用的捨去，此爲選擇作用，也就是所謂『決斷』或『斷定』。決斷或斷定的精髓，在將所選定的特別現象，及所實現的特別動作，與『我』能合而爲一。可是，動作的實現，不必一定就是現任，也可以在於將來，我們此刻說已經決斷或斷定，則是認這一個觀念，已經有了主意，雖未發現於外面動作，但時機一到，便可呼之即出。此爲意志作用最後的第四步。

由此第四步再向前進，便達入動作發表於外的區域，已經是心理指揮生理，叫他怎樣言語，怎樣行動了。若牢牢的守定意志的界線，則當仍以生理動作未至發見於外之時爲限。

意志必經過四級而始完成，這本是近代心理學家所研究的結果。可是，在我國古代學者，却也有論到這個地方的，我們也不妨引來做一個比證。荀子說：

> 性之好惡喜怒哀樂，謂之情，情然而心爲之擇，謂之慮。心慮而能爲之動，謂之僞。慮積焉，能習焉，而後成，謂之僞。

覺感不滿，發生苦痛，是爲情；發生欲望，審度目標，決定觀念，是爲慮；慮而後動，則成僞。僞就是人爲。至於慮積能習，則已反復練習，漸成品性了。是荀子所說，由感情欲望決意，以至動作，復由動作以至習慣，是聯成串的；雖未能詳加分析，而條理已算很明白了。

第二節 『意志自由與否？』的問題

意志的特質既明，繼此，當再討論到『意志自由與否？』的一個問題。本來我們要批評自身或他人的行爲善惡，必先假定意志是自由的，方能使批評有所依據。可是，人類意志，究竟是不是自由的呢？這却是哲學上一個極大問題。此種問題，簡直可以影響到倫理學的根本，所以不能不加以較精密的討論。

現在要討論意志自由與否，可先把自由意志的意義，略說一說。

平常我們對於一種生物，說他是『自由成長』，這句話實在是含有兩種意義：(一)依其本性，從自身內部，發出生長的活動力，(二)絕不受外力的阻碍。

如說『這棵樹是自由成長的』，『這隻鷄是自由成長的』，其意就是說：樹和鷄，皆能依着他的自然本性，吸收養料，尋覓食物，開花結實，產卵孵子，外面絕無壓迫的勢力，加諸其身。（如有外力，便說他是『成長不自由了』。）此爲物的自由。就廣義說，物能自由成長，也就是物的自由意志活動的表現。

可是，物的意志活動，雖屬自由，但是盲目的，不知選擇的；而人類的意志活動自由，則是有意識的，知道選擇的。就人和物相同的一部分以言，自然也可以說人的意志活動，是盲目的，如嬰兒初生，即知覓食，無知愚夫，亦知育子。這是眼面前的適例。也可以說人的意志活動，是受外力限制的，如選定目的，已具決心，忽因他物妨碍，猝變宗旨；選定目標以後，正在進行，忽用外力強制，竟改方向。這也是我們常有的事。人類與物，畢竟還是不同的地方，居其大部。何以呢？因爲人類意志，既須經過種種思考選擇，方能決定主旨，有自決的能力，有獨立的主張，有不羈的精神，超然於動物性盲目的動作之上；在植物動物的生活，全憑外力以轉移，而人則偏有抵抗外力的智能。所以就人類自由以言：第一，是決意自由，第二，是行動自由。行動自由，是繼決意自由而起，有時行動自由，雖受外力阻制，而決意自由，則始終不能屈抑。如受暴力挾持，使一己自由受其限制，可是，僅能壓迫他生理上的行動，絕不能壓迫他精神上的志向。換句話說，就是生理學上的自由，可以受限制，心理學上的自由，絕不能受限制。人生宇宙之間，對於外間事物所取的態度，常以上位自居，不但能決定他，還能利用他；不但能利用他，還能改變他。這種氣概，正是如孟子所說：『富貴不能淫，貧賤不能移，威武不能屈，此之謂大丈夫。』這種精神，正是如孔子所說：『己欲立而立人，己欲達而達人。』蓋能以一己的志願，一己的知能，戰勝困難，改良社會，造福人羣，其始基皆是在決意自由的一點。自我人格的表示，就是決意自由的精神擴張，負道德上的責任重，就是表示他意志自由的程度高。此乃人類意志自由的眞意義，也就是人類道德行爲最終的大目的。

但是，人類的意志，眞是自由的麼？如就通常情形說，同一人類，長幼不同，智愚不一，幼年人血氣未定，胸無成見，隨人指揮，毫無自主的意識，較之成人，能自立主張的，便是意志不自由的了；愚蠢之人，辨別力太短，遇事糊塗做去，較之有知識的人，能審愼周詳的，便是意志不自由的了。凡知識豐富，教育程度高的人，則自由範圍大，否則自由範圍狹，若毫無知識，自然自由範圍更狹。可見意志自由與否，隨人而殊，本無一定，總看各人的心知能力如何。這種說法，可謂極其淺薄，人人易曉了。可是，要作學理上的研究，恐怕不能像這樣粗淺簡單。現在可就各學派關於討論意志自由與否的說法，略述如下：

(一)神學派的主張——此派謂人由神造，一切人的命運，皆爲神所預定，神本是全知全能做萬物的主宰，所以只有神的意志，是自由的，人不能與神抗，當然人無意志自由之可言。此爲『神學派意志必然論』，也可稱爲『定業論』。這種說法，仍未脫草昧時代，迷信宗教的餘習，立言毫無根據，可以不辯自明。

(二)哲學唯物論派的主張——此派認定物質爲宇宙惟一的實在，凡是由物質發生出各種運動，時而結合，時而離散，無一不受因果律的支配。人類本是萬物之一，所有動作，自不能離開物質。意志活動，根於肉體，而非根於精神。物質萬象的構成，既皆受支配於因果律，人類意志活動，自然也不能出於因果律之外，故意志絕非自由。此爲『物理的意志必然論』。

(三)哲學唯心論派的主張——此派見解，又恰和前一派相反。他是認定宇宙惟一的實在，是心，不是物，無心則物亦不能存在。心的能力，能決定一切欲望的目的和實現的作用。意志本屬於心能的表現，所以意志動作，是心所決定的，不能認爲必然的結果，應認爲創作的計畫活動，所以意志是自由的。此爲『心理的意志自由論』。

實在說起來，(二)(三)兩派的主張，皆未免蔽於一偏。人本是具有身心兩方面的，以身論，則爲物，以心論，則爲人。『物』是人和其他動物所同具，其能力的發動，並且和無生物的物理作用相類。至於『心』，則當以人類爲最複雜，最高尚。在動物固然也有心意的表現，可是，絕不能和人類相比擬；所以在動物，只可由生理影響到心理，（如食色之事，只可說發動於生理。）而人類則可由心理影響到生理，且可用有意識的心理作用，指揮生理，支配其動作。（高等動物，雖有由心理影響到生理之事，但極其微細。）不過有時爲生理的——物的——所限，如俗所謂『心有餘而力不足』，這也是往往有的。如若把一個人完全看做機械一般，說他的動作，和物的動作一樣，這就未免過於把人類看輕，眞是如荀子譏誚莊子的話，所謂『蔽於天而不知人』了。

平心而論，人之所以爲人，當然是一方面以生理的物質的組織爲基本，一方面又以心理的精神的發展爲依歸。由血氣而心知，由心知而明辨而道義，（略如戴東原所說）本來是由身而心，一貫發展的。在一羣生物，由下等小蟲，發展至人類，是如此；一個民族，由野蠻草昧，發展至文化開明，也是如此；一個個人，由無知無識的孩提，發展至成人，也是如此。沒有身，當然心是無由表現，且無由發達。如是就人論人，自然於心的一方面，不能不特別注重。心力可以轉移一切，正是人類文明進化的特徵。不過純以心力戰勝體力，純以精神戰勝物質，只可論於有道修養之士，未可概論於一般庸愚椎魯之人。所以專重心而忘身，專重精神而忘物質，皆是不對的。若照唯物論派所說，謂人類意志，絕非自由，是可謂之『物蔽』，固然不對，就是照唯心論派所說，謂人類的意志，是絕對自由，也不能不謂之『心蔽』。可是，就兩說以較其短長，畢竟是唯心論派，較爲可取。蓋其所說，雖有過重心理之弊，但是，人類心能的發展，本來是未可限制。荀子說：『人可以爲禹。』王陽明說：『滿街都是聖人。』這是就可能一方面說的，又何嘗不對呢？本來心的變化，爲力至偉，人絕不可以物自限，而自卑其精神。做人之道，自然還是以發展心力爲最要。所可惜的，唯心論派的立言，太無科學根據。所以就這一點上看，似乎唯心論又轉不如唯物論了。

近世科學發達，其由唯物論一派出發，後來竟成了生物學上的進化論，因而討論的範圍益廣，於是『新意志不自由論』以成。由唯心論一派出發，後來竟成了新心理學，因而討論人類心理，加以科學根據，於是『新意志自由論』以成，惟仍加以『原因』的限制。茲試繼續論述(四)(五)兩派。

(四)生物學派的主張——自近代生物學進化論成立，於是乃又有『新定業論』出現。此派認定生物進化的條件，一爲遺傳，一爲環境。遺傳存於內，環境現於外。生物因受了外界環境的刺激，內部遂有順應之力，隨之以起；此種順應之力，純粹得自遺傳。人類爲生物之一，其身心活動，不能不受此兩大條件的支配，當然和其他生物，完全相同；因爲生物皆以保存生命爲活動的目的，由單細胞的微生物，以至最高等的人類，皆是一個樣子。所以說：此種活動，純爲自然的，盲目的，絕沒有自由意志，做他行動的指導人。如認人類意志爲自由的，則未免顯悖生物進化原理。此可稱爲『新意志必然論』。

可是，這種見解，實在是不合眞理，而且遠於事實。⑴人類雖是由下等動物進化而來，但人類心能進化，却能高出於其他動物之上。⑵禽獸是以本能爲活動基礎，而人類除本能外，尙有智慧的特徵。⑶下等動物，絕不知目的和手段的區別，而人類則知運用手段以達目的。⑷禽獸也有選擇能力的表示，而人類選擇能力，則更爲高尙，更爲複雜。據以上各種事實以觀，則知人類和動物，絕不能平等看待；因爲人類除和其他生物具有相同性外，實在還有相異性。人類的意志自由，便可認爲人類一種特殊的相異性。

（五）心理學派的主張——近代心理學大發明，因而關於人類精神活動的研究，較之古代，也就異常精密；知道人類意志活動，實有一種原因存在。他是認定人類意志作用，是自由的；可是，並不是沒有原因的自由。此可稱爲『原因的意志自由說』。因爲一個人，生在一個固有社會以內，一個劃定時代之中，無論如何，總不能不受這個社會和時代兩種勢力的暗示。『暗示』對於人類意志動作，效力實在是異常偉大。就思想上說，絕不能脫離現代思潮，違反社會背景；就文藝上說，作一篇文章，作一幅圖畫，因爲他居某一個社會處某一個時代，皆要帶一點特殊的風調色彩。思想文藝，尚且如此，其他就更不用說了。

在心理方面，認定人類意志的活動，必有原因存在，其例甚多，不遑枚舉。現在可把做原因的原素，列爲一表如次：

影響意志活動的原因

- 自然的、歷史的、社會的
  - 遺傳的
    - 個人遺傳
      - 生理的
      - 心理的
    - 種族遺傳
      - 本能的
      - 理性的
  - 環境的
    - 物質方面
      - 衣的
      - 食的
      - 住的
    - 精神方面
      - 學術思想
      - 教育，制度，法律
      - 風俗習尙

凡此種種，無一不可以爲意志活動之原因，我們無論如何，皆不能超然象外，依傍一空。可是，人類畢竟是具有勢力偉大的心能，可以對於當時不可超越的原因，得就可能範圍以內，决定心志，自由處理。所以豪傑之士，能打破一切舊勢力，從事於社會改革運動；力崇實踐之人，亦可以拒抗種種困難，以期達到一定目的。教育有變化氣質之功，反省有促進德品之效。浪子不難回頭，一反本來習慣。此是就好人一方面說的。反之，如國家有法律制裁，而觸犯法網者如故；社會有清議制裁，而不顧名譽者如故。蓋人類心能活動，本極複雜，而社會情狀，可以做意志活動的原因，亦絕非單純。有時人類意志活動，出乎常情之外，好的則爲賢豪，壞的則爲盜賊，自然也不是十分奇怪的事。倘是一個社會以內，竟無反抗意志活動原因之人，則這種社會，也就不會有進化，而且也就不會有紛亂了。況且因制度風俗不良，有先知先覺者，倡爲改良之說，致使舉國景從，則不受暗示於法制風俗的人，轉又受暗示於名人學說了。因個人的遺傳不良，而有教育以補救之，則惡性不足爲原因，而教育轉又可以爲原因了。

如此說來，意志活動原因，既不相同，而人類心力變動，又非一致，我們也就可以明白了。如就普通方面看，人類意志活動，總是脫不了原因，可以說是『有原因的自由』。若就特殊方面看，人類意志活動，有時也可以衝破原因。可是，一方所以能衝破甲原因的原因，還是因爲他方受了乙原因的影響。總之，意志雖是自由，但無論如何，絕不能拋却原因，眞正做自由的行動。至此我們也可以下幾句斷語了：(1)原因和自由，並非相反，實所以相成。(2)意志自由活動的範圍，是有限制的，也是可以逐漸擴充的。(3)影響意志活動的原因，是不一致的，一方可以限制自由，同時一方可以開發自由。(4)因爲有開發自由的原因，使人類心能進化，所以才能改良其他原因，用以改進人類生活。專說人類意志是絕對不自由，是太偏了，專說人類意志，是絕對自由，也是太偏了。自由有原因，如何能說不受限制，而謂之絕對自由呢？原因相衝突，尊其一，破其一，努力前進，自作主張，如何能說意志無自由發揮之餘地呢？本來人類心力的範圍，是日益擴張的，爲善之人，程度日高，同時覺着爲惡之人，也是程度日高。倫理家的目的，希望善人日益增多，同時希望意志自由的人，也日益增多。否則，不具有意志自由的善人，凡事只知服從，那也就不足爲貴了。

凡認定具有意志自由的人，首先要認定他有健全的心力。所謂健全心力的涵義，就是能選擇欲望的動機，決定一己的動作。至於他的意志活動，出於他的品性，便是意志活動的原因。品性之構成，由於有意行爲的反復練習，而行爲積聚之時，由流動而歸凶定，由有意而成無意，自然也各有他的原因存在。在倫理學上講到道德判斷的對象，當然是有意的行爲。有意行爲，便是出於自由意志。無論意志活動，出於何種原因，只要他當意志活動時，具有心力選擇作用，即認他是意志自由。小孩子是意志不自由的，因爲他心力不健全，老人是意志不自由的，因爲他心力已衰邁。心力未健全或已衰邁的人，當然皆不能具有選擇能力。

大凡倫理學家主張自律說以判斷道德行爲的，皆是以意志自由爲根據，就是謂：個人對於行爲目的的選擇，行動的程序，皆由一己心意決定，不爲物誘，不爲威刼，純以道德知識，指導其意志之活動。這樣講法，誠不免趨於極端，但比較『他律說』，還是覺得益處多，流弊少。他律說，是純粹就注重服從權力的一點立論，根本上認定人類意志，絕非自由。以爲道德判斷的標準，完全歸之於客觀有力者的命令。他從人類進化史上看，認定人類道德心之養成，最初是服從神權，繼則服從父權，繼則服從君權，終乃服從社會的制裁權。能服從便是善，反之便是惡。此種服從權力說，對於人類進化歷史的過程，觀察誠然不錯，然而他這是專就一個人羣的心理上看，卻不是就個人的心理上看；他是專就羣衆行爲的總和上看，卻未能就獨立的一個『我』上看。他是只知道道德觀念，是由自然勢力養成，而不知道道德觀念，也可用人爲方法，把他促進。他是只知道羣衆會盲目的服從，而不知羣衆中的特殊的我，也能用明目的選擇。他是只知道道德觀念，是由於尊敬權力之觀念，逐漸發展，而不知批評權力的知能，也可因智識進步，教育發達，逐漸擴充。固然，個人意志，未必即足爲道德的根據，但是，社會的裁制，就能令人人皆心悅誠服了麼？就能令人處處皆心悅誠服了麼？倘重社會制裁之權，固可爲一時的善，而根據個人豐富的學識，高尙的思想，對於社會裁制之具，一一加以評價，一己乃認定一種行爲標準，反抗社會制裁以行，又何能就斷定他不是善行呢？

總之，在依據意志自由論以立自律說，誠不免有重視個人，輕視羣衆之弊，然而能注重克己，提高個人人格，確是他的長處。況且就人類心力進化上看，既能由無意的行動，進而成有意的行動，當然也可以假教育之力，自修之工，可以使一般羣衆，把知識程度，特別提高。同時在一個社會當中，可以能使愚者日少，知者日多，賢者日多，不肖者日少。如此一來，意志自由範圍，自然就能日益增廣了。他律說，只就未進化的人羣立論，只就未能全數達到意志自由的人羣立論，因而一併把具有自由意志的一部分人，置之不顧，似乎有點不對。況且純依他律說，以論道德行爲，就一方面看，固然也很有理由，如性質不良之人，所以不敢爲惡，實由於畏懼國法，可東可西之中才，因畏社會淸議，也可以孜孜爲善，但是，絕不能認此即爲道德的極則。道德本是進化不已的東西，試問，是不是一般安分守己，不敢妄爲，只顧外行，不問內心的人，能促起他的進化呢？我想一定不能罷！恐怕司進化樞紐的，還是少數具有特殊心知的人罷！由此少數聖賢豪傑，始以心理的改革，進而改革社會，才可使道德成長，促進人文的進化。

現在可再取中西兩個哲學家關於討論意志自由與否問題的主張，略述一下，那兩個呢？

(一)是距今二百年前中國學術界鼎鼎有名的戴東原　東原是一個『唯情

主義』的哲學家，他是反對宋儒『性欲二元論』的健將，他對於『命定和自由意志』相反的兩說，持一種折衷調和的態度，務使之相通相貫，而不相矛盾。我們且看他對於『命』的解釋是怎樣，他有兩句話，可以算做『命』的定義：

(1)如聽於所制者然，謂之命。(原善)

(2)據其限於所分而言，謂之命。(孟子字義疏證)

他是不承認有一個具意志的造物主，在那裏主宰人類的生活，僅說：『如聽於所制』，實在含而不露，以爲彷彿似有不可抗力的樣子。這一種當然是指宇宙的自然力，自然律而言。自然力和自然律，若加於人類，自然成了『分限』。所謂分限，大約不外次列的三種：

(1)是遺傳的分限——他曾說：『凡命之爲言，如命之東則不得而西，皆有數以限之，非受命者所得踰。……譬如大樹，有華實葉的不同，而華實葉皆分於樹，色臭之濃淡，味之厚薄，又華與華不同，實與實不同，葉與葉不同。』

(2)是環境的分限——他曾說：『一言不分，則各限其所分。……水雖取於一川，隨時隨地，味殊而清濁亦異，由分於川則各限於所分。』

(3)是分限——他曾說：『取水於川，盈䃉盈缾盈缶，凝而成冰，其大如䃉如缾如缶，或不盈而各如其淺深。』（以上所引，均見答彭允初書）

大概這三種命定的限制，是人類萬萬不能破除的。種瓜還是得瓜，種豆還是得豆。男不能化爲女，女不能化爲男。缺乏美術天才的人，偏要叫他做一個藝術家，無論如何不能夠。生長在匪窟裏的人，就算他異常善良，總不能不帶有幾分匪氣。百年壽之大齊，任憑他怎樣講究衞生，絕不能長生不死。凡此種種法則，就是所謂『命定』。

可是，人類雖受命定的限制，但有時我們憑着人力，也未嘗不可以勝天。可知人的努力，絕不是白費的。試看東原對於孟子所說『口之於味』一段話，解釋的怎樣。孟子說：

口之於味也，目之於色也，耳之於聲也，鼻之於臭也，四肢之於安佚也，性也，有命焉，君子不謂性也。仁之於父子也，義之於君臣也，禮之於賓主也，智之於賢者也，命也，有性焉，君子不謂命也。

在宋儒根據孟子這一段話，因而就說是：『氣質之性，君子有弗性者焉。』這是明明取來做他們『性欲二元論』的護符了。若東原的解釋，則頗能獨具隻眼，一掃陳言。他是把『謂』字當作『藉口』講，因而說：

君子不藉口於性，以逞其所欲，不藉口於命之限，而不盡其材。

如口目耳鼻之於味色聲臭，是人性所同，人人皆應享用，所以說是『性也』；然而不能不適如其分，有時且復加以限制，所以說：『有命焉』。『君子不謂性』，就是說：不當藉口於性之所欲，便去求分外的享用。仁義禮智，本是種種美德，種種善行，可是，有些人是得天獨厚，做得很圓滿，也還有些人限於才質，不能爲逾量的發展。此正所謂『尺有所短，寸有所長。』一鄉之善士，終不能比上一國之善士。所以說：『命也』。『命』，便是分量的限制了。可是，仁愛之德，明辨之知，根蒂實已具於有生之初，畢究利完全缺乏的不同，所以說『有性焉』。『君子不謂命』，就是說：『不當藉口於命有所限，而不加以努力。』

由此以言，東原是一方面承認有命，知道人類確實具有意志不自由的一部分，一方面主張人貴修養，指示人類應該努力向上，實踐道德上的責任，因而又承認人類具有意志自由的一部分。此可謂『命定自由調和說』，也可謂『自由意志發展說』。

(二)是法國大哲現尚存在的柏格森(Bengson)東原對於自由意志的發展，比較的尙未能十分發揮，如柏格森則力主『創化』的學說，對於自由意志的發展，可算能發揮盡致了。

柏格森有一篇文章，題爲『生命與意識』(Life and Consciousness)。他說：意識有兩種作用，一是記憶過去，一是預期將來。意識就是通常所說的『心』，與意識相對立的爲『物質』。物質是必然的，意識是自由的；二者雖是絕對相反，但是，生命能有一個方法來調停他們，怎樣調停呢？就是於必然中插入自由，利用自然以謀自由，是爲生命的眞意義。照柏格森說，雖在下等動物，也未嘗無意識作用。在理論上，凡是生物或者都有意識，在原理上，意識和生命同其廣袤，不過意識作用，有時不甚明瞭，或竟入於睡眠狀態罷了。到了最高等的人類，就能把意識作用，顯著出來，一方面密接過去，一方面密接將來。人皆是斜倚過去，趨向將來的；所以說：『意識是逕接既往與未來的關節，通達過去與未來的橋梁。』

人類腦髓的機能和脊髓的機能，分別得最清楚，刺激來了，先達於腦髓，腦髓承接之後，再降於脊髓，由脊髓再傳達於各神經，遂起機械的動作。

腦髓恰如一個轉電機，凡是由有機體某一部分接受電流，立刻即使他達於運動機械。刺激所以必先經過腦髓的原故，正是因爲他能選擇一個運動機械，使他發生動作，不至僅發一個機械作用，所以腦髓是一個選擇的機關。

下等動物的神經系搆造簡單，自動和選擇的機能，混而爲一，不甚顯著。可是，照柏格森說：在動物界自首至尾，始終看得出選擇的機能，雖至單細胞動物的『阿米巴（Amœba）』，對於一種食物當前，他也能伸屈其體，把他握住，把他包起，這就是他的消化機關的機械作用。他既爲特別作用，設出暫時機關，那末，他的裏面，自然就有選擇的痕跡存在了。

意識就是選擇；記憶過去，預期將來，就是爲着選擇作用。在生物發生之始，生長進行，不外有兩條道路：一個，向運動和活動一條路上去，運動愈覺有效，活動愈覺自由，在進行長途中，裏面含有危險，但也含有意識；並且意識的強度和深度，也是逐漸加增。一個，向別一條道路上去，捨棄活動的機能，專用他所含儲能(Patentialiy)，以適應環境，不必各處游行，也可得着食物。他既能保全生存，安靜而無危險，久之，就漸漸成了痲木不仁，意識也就不顯了。走前一條路的，便是動物，走後一條路的，便是植物。

生命在初入世界時，便已携帶他的固有能力，侵入那不能自動的物質。世界的自身，本是服從運命律(Fatalisti claw)的，在一定情况之下，物質就能發生一定的動作。至所動作的怎樣，却是不能預知。物質原是不能自動的，是必然的。但是，有了生命，便有了自由的不能預知的運動出來。凡是生物，都具有選擇的機能或選擇的傾向。生物的唯一責任，在創造他事事有定的世界，偏有一個不定的地帶，處處把他圍繞着。他想創造將來，現在就當有預備的動作。預備將來，仍須利用已往。所以生命自起首即爲保存過去，預期將來，永久繼續，使過去現在將來，互相重疊，以成一個不可分的綿延。這樣的記憶，和這樣的預期，就是意識自身，也就是意識所以應分和生命同其廣袤的理由。

生物的動作，要借物質做他爆發的原動力，所以在運動進行之時，非預先有儲蓄的靜能，不足以資應用。又在有意識的生物動作之前，意識能把被知覺的物質，在最短時間內，縮短若干次的振動，成了一個光覺或聽覺，可以令我們一張目，一傾耳，便能成一種光的觀念，和聲的觀念，此皆是意識作用不可少的預備。

在柏格森的主張，是認定意識是有記憶的，是自由的，在一個綿延內繼續創造，生長不絕。這綿延，是延長的，是不可分的，凡過去的事，都能保存在內。比如一條大河流，挾一種極強大的力，衝向前去，不限於固定的地位，專用創化以爲進行的目標。自有生物，即有生命，生物是一直向前，創化不已，最初皆是含有意識的痕跡，不過行至中途，有偏向活動一方的，便走入動物路上去，有偏向靜止一方的，便走入植物路上去。動物無不具有意識，無不顯出選擇作用，可是，行至中途，到了昆蟲，他的本能作用，便大加發達，或現出停止不進之狀；但是，他那種意識的選擇作用，仍然存在。人類進行不已，便能超過本能以上，意識的選擇的作用，更形發展，遂至成爲知慧。

這種生命的進化，純粹是由生物自身的努力(Effort)。可是，當努力進化時，在所利用的物質上，不能不受一些阻力，因受阻力，遂不得不自分其身，把所抱的傾向，向進化的各方面去進行。他有時轉避，有時退化，有時突然停止。他在兩個方向上，進行的成績，可以說，一方面只成就了一半，一方面已經是完全成功。這就是節肢動物和脊推動物進化的兩條路線。在第一條線上的末端，有昆蟲的本能，在第二條線的末端，有人類的智慧。

意識本是自由的，可是，他又如一條大長河，擬合各種潛力，經過物質，使物質漸有組織。物質本是必然的，意識作用，即能以物質爲自由的器械。有時意識受物質包圍，失其自由運動之力，遂使趨向於機械作用，便成睡眠狀態。此在生命進化線上，有植物的一級，可以指示出這種現象。至別的一條，便是動物。他的意識自由，仍能保持，使個體得着感覺，遂有選擇的餘地。但是，他的選擇能力，只限於謀求生活，所以自生命最低的一級以至最高的一級，自由好像繫在一條練索之上，許多個體，只能伸張至於練之長度而止。到了人類，遂突然一躍，索爲之折；因而人類腦髓，雖和其他動物的腦髓，所差無幾，可是，他那裏面更含有其他分子，能造成新習慣以反抗舊習慣，能造成對抗的機械作用，以反對各種機械動作。『自由』雖和『必然』携手並行，却能運用物質，使他到了器械的地位。自由所以分離的，是爲要實行統轄的原故。人類所以爲萬物之靈，恐怕就是在這一點！

以上是就柏格森的論文，略加摘錄，且間附以疏解。他所說的，原不是專爲辨明意志自由與否問題而設，可是，他就原始生物說，即承認有意識自由作用的存在，則主張意志自由，更可不待煩言而解。如他所說，誠未免把意志自由，擴張得太廣，但是，到了人類，自由意識，已經能運用物質，使至於器械的地位，則人類意志自由，更可無容疑惑了。略觀柏格森所說，則知人類意志自由，實由生命進化而來，就是由原始生物，逐漸發展。他開首便把意識與物質，分別得清清楚楚，並且把意識與物質相互的關係，說得明明白白。如此則意志自由的解釋，就更覺得十分圓滿了。

第三節　『自我』與『人格』

前節辨明意志自由與否問題，結果，認定人類意志有自由的可能，並且說明意志自由的特點有二：(1)是有原因，(2)是具有發展性。因爲自由有原因，所以才不是屬於必然。蓋人當決意行爲之時，必有一個『我』存在，何以要有『我』存在呢？因爲自由係由逐漸發展而成，到了決意而行的程度，自然就能發見出一個『我』的觀念。『我』所以與『非我』相區別，照普通言語上看，如說『我欲』，『我行』，『此爲我有』，隱隱中實已含有『我負責任』的意味在內。是以討論過意志自由問題而後，就不能不研究到『自我』一個問題。『自我』所以能存在，須表示以『人格』。故『人格』與『自我』的關係，至爲密切。照普通言語上看，凡自愛者，動說『爲保持人格』，讚美人者，動說『人格偉大』；可知人格在倫理學上實具至高尙的價値，佔極重要的地位。現在且專就『自我』與『人格』二項，簡單的說一說。

先說『自我』。『自我』與『我』，意義本無區別，其所以不言『我』而特言『自我』的原故：(1)則表示『自覺』，(2)則表示『特立』。自覺是近於主觀，因反省而認明一己的存在，特立是近於客觀，因比較而辨明一己的殊異。蓋人之初生，知識未啓，蒙昧與禽獸無異，當然不明人我之界。迨身體逐漸成長，間時精神方面，亦隨之成長，於是身的範圍擴大，心的範圍亦擴大。所謂能自覺，能特立，皆是心的表現。有心而後才能辨。荀子曾經說過：

人之所以爲人者，非特以二足而無毛也，以其有『辨』也。今夫狌狌形相，亦二足而無毛也，（據俞樾說，改『笑』作『相』，並增入一『字』。）禽獸有父子而無父子之親，有牝牡而無男女之別，故人道莫辨。（荀子非相篇）

『辨』是從那裏來的呢？當然是由於心力的發展。禽獸未嘗無心，可是，他發展的程度，終不能和人相比。

『自我』，自然是由於一己的認識；而一己能認識，則又必以自覺爲之基。所以現在專就自覺一層，說明『自我』的特質。

究竟『我』爲何物，在西洋古代哲學家，卻有兩說：一則唯物派之說。他以爲人類精神作用，是腦髓之生理機能，和胃之營消化一樣。所以喀伯黎斯

(Cobanes)說：『腦髓之分泌思想，猶肝臟之分泌膽汁。』如此看來，精神也是物質的一種。那末，所謂『我』，簡直就是一個頑然形骸了。一則唯心派之說。他以爲腦主思想，和胃的主消化迥異；精神實在是具有特立的作用。所以笛卡兒(Discartis)說：『我思故我在』；非喜堆(Fichtie)說：『思維乃我之根行爲。』照這樣看，則又純粹以精神作用爲『我』了。兩派之說，均不免稍有所偏。須知人類實以物質的『我』爲基本，無物質則我亦無由存在。惟僅有物質，則『我』的一個觀念，仍然不能發生。蓋能發生『我』的觀念，必以精神作用爲主體；而精神作用，到了人類才發展及於高度。其複雜高尚，實在是遠出於一切動物之上。這也是經過億兆萬千年的進化，乃得有這樣結果。

本來精神作用，具有統一的效能，恰如柏格森所說：『意識作用，能記憶以往，能預期未來。』惟就原則上說，一切動物，皆具有意識；可是，就實際上說，則意識之程度，其間却也大有差別。動物不用說了，就是就人類來說，又何嘗一樣呢？我們看一個小兒，當他蒙昧未開時，絕不知我和形骸有別。到有了記憶，則漸知己身以外，有他人存在，於是因有外形，才可以區分出『我』。到了成人，受過相當教育，則又漸知僅一外形，還不足以爲『我』的代表。人不必擊我，我可以知苦痛；我未見着人，可以令我懷思。因此乃知形骸以外，復有一個精神作用，可以代表『我』的存在。此個觀念，在常人雖未必能個個明瞭，可是，就實際上看，無論何人，皆能因謗毀而怒憤或愧悔，因獎賞而欣悅或慚悚，一己有行動，皆知出於己之精神。雖在不識文字之人，只要他心力健全，也能如此。這不是明明白白的事實麼？至於教育程度較高的人，反省作用，較優於他人，更能認識一己的精神作用，不用說這個觀念，自然就格外明瞭了。此可說是『我之自覺』。

那末，照這樣看來，所謂『我』，不僅是物質的形骸，簡直就是精神的意識了。可是，話也不能這樣絕對的講。精神本是由肉體以發動，而生命則賴肉體以保存；精神可算是生命的表現。生命有無限的發展性，同時肉體亦有複雜的組織，以應其所需。所以精神無論如何，絕不能離却物質的肉體。不過爲稱說便利起見，關於『我』的存在，仍用精神作用做他的代表能了！

精神作用，對於『自我』，有一件最緊要的關係，就是統一作用。本來人的一身，照化學上說，是由數十種原質化合而成；照生理學上說，是由無量數細胞組合而成。筋骨爪髮，是時時推移的，氣縷血輪，是刻刻轉移的。所謂原質，所謂細胞，皆是新陳代謝，生滅無常；全體經過七年，一切皆要重新變換。所以就物質之我以言，可謂極其散漫，極其流動了。新我非復故我，後我非復前我。然而我十年二十年以前的事，可以能記憶住，我十年二十年以後的事，可以能預想到。這又何故呢？豈不是在物質之我以外，還有一個我，把他統一起來麼？這種統一作用，便是精神的意識作用。我們所以能知道我能記憶，我能推想，而後『我』才能存在。對於這一種精神作用，在儒家便叫做『性』，在老子便叫做『谷神』，在莊子便叫做『靈府』，在佛家便叫做『藏識』，在數論派便叫做『神我』。大概他們所指的，皆是生命根原，也就是柏格森所說的意識作用。若以通常言語表之，可以稱做『心靈』。以其發展之度言之，又可以稱做『理性』。

意識統一作用的發展性，本來是極大，不僅能統一四肢五官筋骨臟腑等一切生理動作，還能統一知情意的心理動作。推而廣之，更可以統一存滅，統一生死。在一個體軀內的各部，儘可生滅流轉，而精神之作用如常；在一個軀體全部，儘可以衰老死亡，而精神之價值自在。因爲形骸之我，是一個『幻我』，而精神之我，乃是一個『眞我』。老子說：『谷神不死』，等於平常人所說的『精神永存』，這並不是如宗教家所說，人死後有神靈，也不是如道士派所說，人可以常不死。所謂『不死』的眞義，實在是專指行爲的價值而言。孔孟的思想學說，至今猶存，人類仰信他，如同他生時一樣。這就叫做『眞我的存在』。須知人能造到『眞我』一境，也就很不容易了，對於個人一切行動，先要能自覺是我的行動；再進一步，更要自覺一己精神作用的統一價值。蓋必如此，而後才能輕視肉體，重視精神，極力圖謀『大我』的發展，節制小我的放縱。孟子說：『從其大體爲大人，從其小體爲小人。』『大體』就是『大我』，是專指心靈一方言；『小體』就是『小我』，是專指耳目口腹一方言。人能自覺大體之可貴，就一點心靈——精神作用，擴而充之，便可以得到『眞我』。這便是精神之我統一的自覺；也可說是『眞我之自覺』。

若就一個人說，一方面具有動物性，一方面又是具有超越動物性的以上的人性。動物性可以拿飮食男女等作用來代表他；人性可以拿思想作用——理性——來代表他。人性本來是由物性一步一步發展起來的。人類由動物進化而成，此說是生物進化論家所主張，當然具有理由。我們試就人類在母胎內的情形看一看，由『阿米巴』歷魚類兩棲類鳥類獸類，一直到人，在二百八十日之間，竟把動物全體的階級，通通歷徧。可知人類之去禽獸，實在是不甚相遠。可是，人類由種族遺傳的結果，生而具有一點人性，在幼兒時，還不甚十分顯著，由幼兒至成人，又要經歷過較長時期，——比一切動物的成長，時期皆長，因此叫他一方面緩緩的發展體質體力，同時一方面又叫他緩緩的發展心質心力。於是由一點同情心，便可以發展成仁愛；由一點辨別心，便可以發展成禮讓。自覺獸性之當節制，於是乃有所謂節欲明理；知人性當擴充，於是乃有所謂捨生取義。我們能認明我之所以我，不能僅以滿足飲食男女之慾，便算了事，自然還有超越飲食男女以上的事，做我的行爲的目標。那末，我的地位，我的價值，自然就能由此明白了。人能就人性和動物性加以區別，就是自覺的基礎；也就是認識『自我』的必要條件。

如此以言，可知『自我』的實現，純粹由於自覺，而自覺又可分爲三種：㈠人我的區分，㈡動物性與人性的辨別，㈢精神統一作用的發展。此在前文，業已略爲叙述。此外還有應行補叙的：就是『自我』實現以後，一定有兩種現象：(一)是『盡其在我』，(二)是『忘其在我』。所謂『盡其在我』，就是普通德目中所謂『自重』，『自敬』，『克己』，『重天職』，『明職分』等；所謂『忘其在我』，就是普通德目中所謂『犧牲』，『兼愛』，『知其不可而爲』等。此二者雖是相反而實相成。不知自愛的人，絕不會愛人，不能克己的人，絕不會能捨身就義。古人所謂『窮則獨善其身，達則兼善天下』，本來是一貫的事。至於中國道家，主張『無爲』，漢以後的道教，主張『修煉』，印度佛教，主張『寂寞』，這皆是重視『自我』太過。比較起來，還是中國古代儒家所說，流弊較少，——他是一方尊重人類由物質所發的情欲，一方注重人類由精神所發的理性，於是就二者中間，求出一個『自我』。(宋儒偏重理性，自是有弊。)這個『自我』，就是『人格』的表現。

實在說起來，講明『自我』的特質，已不啻替『人格』下了一個注脚。『自我』是什麼呢？是具有自覺的知力，是表示特立的精神。試問，既有了這兩個條件，不是『人格的實現』是什麼呢？那末，繼此可以把對於『人格』所應說的話，再來略說一說了。

就普通言語來講，所謂人格，實在含有次列的幾種意義：

(一)是生理學上的所謂人格——體格健全，凡生理機能，無一缺乏。

(二)是心理學上的所謂人格——能適應外來或內發的刺激，發出相當的適應，可以順應事變，使己體適於生存。

(三)是法律上的所謂人格——身心健全，非幼，非老，非病，所有行爲，能負法律上的責任。還有由各個人組合的團體，也可由法律賦予以人格，如國會，學校，公司…………等。

(四)是倫理學上的所謂人格——以自覺爲基礎，由心力發展，成爲理性，根據先天本能，加以後天經驗，認識『自我』的存在，擴充意識的範圍。明白四肢五官筋骨臟腑，非人生全體，乃『自我』存在的預備條件；明白一切行爲，必以表示『自我』的價值爲依據，而後才可顯出人生意義。決意是我的決意，是我的自由；也就是我自己活動的人格。

人類行爲的目的，在於人格實現，所以道德的目的，也是在於人格實現。現在可就倫理學上所謂人格的眞義，略述數端如次。

第一，人格實爲自由意志活動的原因　此須與前節相參照。平常我們說：對於自己行爲，應負責任，這就是說：『我爲我的行爲原因。』我何在？在於我的人格。我的人格，惟有脫離非我而自由，絕不能脫離自我而自由。所以意志也是不能脫離我或我的人格，而可以獨立的。決意是我的自由選擇作用，倘脫離我而獨立，則意義活動，尙復有何意義之可言？比如商業上的商品競爭，我們不能說競爭是商品，仍應說競爭是商人；因爲商品是死物，他何能競爭呢？實在還是商人競爭。人類由自由意志，發出行爲，是由於動機起了衝突而有取捨。此種取捨之權，在於行爲者個人之自由，自由也就是個人的人格。人格是可以代表品性的，養成好品性，也就是養成好人格。品性本非不端，行爲忽然荒謬，則見者每爲之太息，說他是「人格破產」。品性本爲意志活動之因，所以人格也可說是意志活動之因。

第二，人格應爲行爲的最高目的　　人之所以爲人，是在倫理上人格的存在。我有物質的肉體，是因爲能達人格目的，所以才對他加以保護。我有保生存的欲望，也是因爲能達人格目的，所以才對他求其滿足。自戕其身，以救人羣，是因爲重視人格，以人格爲目的，所以才敢輕生。自節其欲望，是因重視人格，以人格爲目的，所以才肯寡欲。就消極方面說，因保存一個人格，寧捨一身，不能違反正義，正所以表示人格的高尚。如自經於溝瀆的小丈夫，雖殺一身，並非爲求達人格目的，當然不足以表示人格的高尚；不惟不足以表示高尙，反足以表示他的卑弱。就積極一方面說，因尊重非我的人格，保存非我的人格，而一己人格，亦可以因此顯其偉大。如救人於水火，是因爲溺者焚者人格將不保，所以才去施救。若果視人如物，而不認其人格存在，則拯溺救焚的行爲，也就沒有什麼道德上的價値了。因一己行爲，純以利羣爲目的，正以表示一己人格之偉大。所以行爲價値，有時不能盡由物質價値來說明，有時看似專爲物質，而實則皆爲達人格目的的手段。至於人格，則純爲人生行爲目的，且爲最高目的，却是萬萬不容疑惑的。

第三，人格是平等的　一己認識自我，力求人格實現，固爲立身進德之要務，可是，同時還要尊重他人人格，認定人格應該一律平等。「己欲立而立人，己欲達而達人。」這是說，一己既具高尙的人格，同時還要求其他一切人格的高尙。『己所不欲，勿施於人。』這是說，一己既有人格，不容輕侮，同時還要尊重對面的人格，承認他人的人格，和我是一樣。『愛人以德』

，與『愛人以姑息』，既不可以同年而語；施財濟貧，與扶植弱者之自立，其道德價值，亦不能相提並論。這就是因爲重視對面的人格，輕重不能一樣的原故。世界上如果有了自重一己人格，不重他人人格的人，那末，這一個人的自己人格，也就沒有什麼可貴了。

第四，人格是進化的　人格是『自我』的實現，也就是意識作用的擴充，『意志自由』的表示。須知意識作用，及意志自由作用，皆是由生命根源上發展出來的。在具有生命的單細胞動物，已含有意識作用，意志自由作用的根蒂。由一個最下等動物，經過若干億兆年的演進，一直到了最高等的人類，乃始有自我的認識，人格的表現。若就人類全體以觀，文野既不齊，意志自由的程度，也還不能一致。因而人格的高低，廣狹，大小，自然也就大不相同。人格所以能高尚，所以能廣大，是隨着文化，向前演進；而文化演進，又是以教育（廣義的）爲樞紐。可知人格是進化不已的東西。保存個人的肉體，用以保存人格，此爲人格的最低級。愛惜名譽，遵守法律，服從習慣，以求一己行爲，適合於現代所生活的社會，是爲人格的低級。尊重個人理性，發展羣己交互的利益，不僅求一己人格的發展，還須尊重他人人格，此爲人格的高級。比較利害輕重，以死報國，以身殉道，此爲人格的最高級。就一個種族進化說，由古及今，人格等級，是逐漸高尚。若就一種族分子說，則或愚或智，人格的等級，又復極不齊一。就一個人的成長說，由幼而長，人格的等級，是逐漸擴張。若就一個人精神作用說，則或簡或複，人格的等級，又復異常殊致。

第三章　動機

第一節　動機的意義

意志，是行爲的最要幹部，而『動機』，又爲意志發動的最要原因。通常人說：『動機爲意志之始』；又說：『動機是我們的意志的東西。』這皆是不錯的。上章既已詳述意志，本章自當再講動機。

在中國古書內，論到『幾』之一字的地方也很多。『幾』與『機』，古字本相通。大約別之，可有三類：(一)指事機之發端言——如易乾卦上說：『可與幾也』，釋文說：『理初始微曰幾。』繫辭上說：『機事不密』，虞注說：『幾，初也。』(二)指心機之究竟言——如莊子齊物論上說：『三子之知幾乎！』郭注說：『幾，盡也。』淮南子謬稱訓引易說：『君子幾不如舍往』；高注說：『幾，終也。』指着事機發端，自然含有『始』義及『微』義，也就是萌兆之義。指着心機究竟，則又含有心意決定之義。蓋謂心機既動，則行爲必隨之以起。後來明儒劉蕺山有幾句話解析得却很明白；他說：『未有是事，先有斯理，曰事機。未有是心，先有是意，曰心機。』(三)還有一義，謂幾爲『危』爲『殆』，爾雅釋詁下說：『譎，幾，裁，殆，危也。』郭注說：『幾，猶殆也。』說文絲部也說：『幾，微也，殆也。从𢆶，从戍。戍，兵守也，𢆶而兵守者，危也。』段注說：『殆，危也。危與微二義相成。』訓幾爲危爲殆，究不知其何本？以我個人私意妄解：殆與始，古音本相近，且爲形聲字，皆从台。危與微，音亦相近，音近之字，古人往往互用；甚且意義相反，亦復無傷。如『亂』與『理』，本相反，所以訓亂爲理的原故，實在是因爲音近，而相反爲訓之說，似乎不甚可靠。『殆』與『始』，『危』與『微』，是不是這樣，我雖不敢說定，却也有幾分疑其近是。荀子引道經有『人心之危，道心之危』二語，僞尚書大禹謨，亦有『人心惟危，道心惟微』二語，則是把人心道心歧而爲二，謂人心是欲念的發動，所以說『危』，道心是理知的發動，所以說『微』。如此，是認定心力之動，有兩種方向：一方向理，則心入於微妙，一方向欲，則心入於危殆；因爲欲是與惡相近，理則與善相接。後來宋儒創成『性欲二元論』，就是以此爲根據，恐怕這是古代道家所遺傳的說法。既有了這樣說法，於是就更容易把幾字作爲『微』和『危』，『始』和『殆』的解釋了。

若言機而兼言『動』的：禮記大學注上說：『機者，發動之由。』管子七法上說：『機者，發內而動外。』明儒劉蕺山也說：『機，發動之由也。發，非動也。以發爲機，矢已在的矣。』如此解說，最爲透闢。謂機爲動，而非發動，就是說機爲動意之始。意既動則有行，此時機已不復存在了。

可是，要明白動機眞正的意義，仍須就意志作用各條件中，一求其意義所在。通常謂意志活動有二種條件：一是感情，一是欲望。那末，這兩樣東西，究竟那一樣是意志的動機呢？

有是認感情爲意志發動的原因的，以爲人類有意的動作，無一不從感情發出，至於欲望乃苦痛之原質，可以置而不顧。因爲要追求一個快樂，必先對於將來快樂的觀念，發生出一種快樂感情，然後心意才能被他催動，起來實力追求。比如好行慈善事業的人，必先於他人幸福的觀念中，得着快樂，好研究科學的人，必先於眞理觀念中，得着快樂，而後意志才因之而動。這樣說法，看似很圓滿，却是，按之實際，殊不盡然。因爲動機既經成立，無論動機是怎麼，必定要指示出一個實現的目的，——如自己的快樂啦，他人的幸福啦，眞理的發見啦，皆可以算是目的之所在。動機與所指示的目的，實在有不離的關係；且其所指示的，本是一種尙未實現的某事物，並不是已實現的某事物，如前文所說的感情，惟其是未實現的事物，才可爲欲望的對象。亞里司多德曾經說過：『感情在意志中，乃其有效的原因，而動機則是究竟的原因。』如此則感情與動機的區別，可算是很明瞭了。

本來感情這樣東西，他的自身，並沒有什麼善惡可言，必定與某一種對象相連結，然後才能顯出善惡的性質。所以快樂的感情，若僅存在一個快樂觀念中，當然是分不出什麼善惡，必定要看他觀念中快樂的種類是怎樣，我們才能說出他的好壞。如我們的快樂，是因對於他人幸福的觀念或求眞理的觀念而引出的，其快樂自身，比之其他感情，幷無優異，其所以能顯出道德價値的原故，全看鼓舞感情的對象怎樣，所謂鼓舞感情的對象，也就是欲念所向的目的。

如此說來，則意志中所有的動機，如不能求之於感情，只好求之於欲望了。但是，動機是否就是欲望呢？欲望自身，是被動的，不是能動的。換言之，就是爲對象的觀念所動，而後才可以動意志。就事實上看，凡是感苦樂之我，發動而向未達的對象，此乃是意志一定的狀態。那末，這種對象的觀念，即可爲意志動機，自然是不錯的了。可是，於此又有一個疑問發生：就是，當所欲的對象，做一個動機時，是在意志選擇這個對象之前呢？還是意志和對象合一而爲所動之後呢？如照前說，則某對象的觀念，我們視他爲可欲，在通常言語當中，說是『動機之爭』，就是指這個心象。可是，動機本是能動的東西，在意志未經選擇以前，尚不爲其所動，所以比較起來，還是後說長一點。

那末，討論到這個地步，當能明白動機是什麼樣子了。於此，我們可以得一個結論說：『動機乃是一個對象的觀念，爲欲望所向的目的；此種對象的觀念，因爲與『我』的意志相合，所以才具有動我意志的效能。』

第二節　動機的特質

就上文看起來，動機的意義，可算大致明白了。繼此，當再專就動機的特質，簡明的說一說。

我們第一步先看動機和『品性』的關係，是怎樣？既認明動機是一種所欲對象的觀念，那末，人之所欲，不能一樣，自然要看欲望的人品性是怎樣了。普通人常說：『人是自己構成自己的動機。』可知動機絕不能立於意志之外，認他是由外發動以入於內；實在是人的意志，能完全表現於他動機之中。我們說：這個人的行爲，是被他的動機决定，也就無異乎說這個人的行爲，是被他的自己所决定。因此，我們判斷善惡時，既除去對於行爲及品性的兩項外，也可就動機施以判斷。何以呢？因爲動機能促動意志，而意志就是行爲者品行的代表。所以說，某人動機不善，無異乎說某人品性不善。我們罪其動機，無異乎就是罪其品性。

動機和品性的關係既明，現在可再說一說動機和『結果』的關係。我們對於一種行爲，本來可把他分成內外兩方面：在內面則爲意志，在外面則爲動作。內面的意志中，又含有感情及欲望；在欲望中，又含有欲望對象的觀念。此種觀念，便是動機。此在前文，已經說了。又在表現於外面動作中，明明含有動作的影響。此種影響，便是結果。可知動作時，意志是由動機促動，由內界發出，用以表現於外界。既已表現於外界，自然有一定的結果可見。由古至今，一班哲學家，關於判斷道德行爲，皆有兩種主張：有的說，動機與行爲善惡無關，欲判斷善惡，必視其結果怎樣；有的說，行爲善惡，發於動機，所以不必問結果怎樣，而行爲的動機，即可爲判斷的對象。此兩說正相反對，爭議不絕。實則此種爭議，皆是因爲動機的語義不明，且不知其範圍何在。要知道動機本是行爲的內面，有促動意志作用的主幹；就其所欲望對象的觀念，已足以表示品性，則動機又何嘗不可施以善惡的判斷呢？

本來施行道德判斷之時，行爲及品性，皆可以認爲對象。如用行爲做對象，自應觀察到外面動作的結果，如用品性做對象，則又應該觀察到內面動作的動機。動機和結果，只是行爲的內外兩面，此兩面互相關係，至爲密切。我們觀察一個人的動作結果時，斷不能不查他的平素品性，而觀察一個人的品性時，也不能不詳查他的行爲結果，是否出於他的預期，究竟是怎樣。如本爲好人，一向是居心良善，今忽然發出不好的行爲；本爲壞人，一向是居心凶惡，今忽然發出很好動行爲。如此是行爲和品性相反，就是通常所謂『異其常度』；我們對此等異其常度的行爲。判斷時自當要格外愼重。

況且嚴格講起來，動機和結果兩樣，更不是相反而不相容的東西，動機就是我們所知所能的究竟的結果。如此，則道德判斷的對象，謂爲動機固可，謂爲結果，也沒有什麼不可。我們所以能由動機的善，斷定行爲爲善，是因爲認定動機，是意志所之的目的。我們所以能由結果的善，斷定行爲爲善，是因爲認定這種結果，是行爲者所預期，這就是說：行爲者因爲欲得這個結果，才去動作，他所欲對象的觀念，就是他所以要動作的究竟原因。

那末，講到這個地方，動機和『企圖』的異同和關係，又不能不略加解說了。動機是我們所以動作之故，所以他有一定預期的目的，一定預料的結果；企圖則含有『動作之故』和『非動作之故』的兩部分。所以兩樣比較起來，動機的範圍狹，企圖的範圍廣；企圖能包括動機，動機不能包括企圖。企圖的全部當中，有一部分是行爲者的究竟目的，還有其他一部分，不是究竟目的。例如變賣衣服，去買麵包，得麵包，本是動機，本是究竟目的，而變賣衣服，則和原有的動機及目的無涉。於此可知凡是由動機促動意志，向預定的目的去行動，行動而得了預期的結果，此種結果，往往是居企圖中的一部分，而企圖的結果，却不止一部，不止一個。如變賣衣服，是一部分的結果，得着麵包，也是一部分的結果，統括言之，皆是企圖。但是，細爲辨析，只有得麵包，能說是出於動機，而變賣衣服，則只可說是出於企圖了。由此以言，一個人的一種行爲，動機儘管是一個，而結果却有許多個。若就此許多個結果當中，一一測其由來，有是出於動機的，確實是他所欲達的預定目的，此可特稱爲『究竟企圖』，以便和其他企圖中各部分相區別。有的是屬於企圖中其他部分，與動機毫無關係，此則只可稱做企圖。這便是動機和企圖不同的特點。

由此可再反轉回來，說到道德判斷上面。我們有一種行爲，往往得數種結果，結果當中，有是我們行動之初，能預料得到的，有是不能預料得到的，有是爲希望所及的，有是並未加以希望的。這就是因爲動機和企圖的不同的原故。如不能預料的結果，或不是所預期的結果，在道德上可以不負什麼責任。所以凡是人的行爲結果的一部分，溯其原始，只是企圖，不是動機，便不能由此以判斷其人的善惡，例如周武弔民伐罪，是他的動機，而陳師牧野，血流漂杵，便是企圖。王莽篡漢，是他的動機，而謙恭下士，收買人心，便是企圖。如是只就企圖，論斷行爲價值，則湯武未必不爲罪人，而操莽又何嘗不可爲賢相呢？可知評判道德行爲，不可不通觀全部，詳察其結果全部的善惡，認定此等結果，是不是他預定的目的，然後才可得公平的判斷。

有了一種行爲，一定有動機以外的結果，隨之以起。此種結果，雖非出自動機，照原則說，可以不負道德上的責任。但是，往往因欲達一個小目的，轉致釀成極大事故，足以影響於人羣利害的，古今中外，爲善爲惡，其例亦復不少。

以上所說各端，皆是爲明白動機的特質而設。至於關於動機的理論，應用在道德判斷上面，應俟以下編各章，隨文討論，此處就想不能詳了。

第三編　道德判斷論——關於道德標準，道德知識及人生究竟目的各問題

第一章　道德律——判斷道德行爲的標準

第一節　何爲道德律？——道德律的意義，性質及構成的次序。

觀前編所論，已可明白道德行爲，是我們道德判斷的對象了。既明白判斷的對象，則關於實施判斷時，應用何種標準，當然要繼續加以討論。比如對於一種物品，要知道他質的輕重，數的多寡，形的長短或方圓，自應先具有一種可依據的最良標準器。這種標準器，便是我們日常所用的度量衡。我們品評人類的一種行爲或品性，心上也先要具有一種標準器。心上有了標準器之後，凡是由行爲或品性所表示的事實，一入我們心中，便如上了秤，經

了尺，入的量一樣；說他是正或是邪，說他是善或是惡，便如說物的幾斤幾兩，幾尺幾分，或方或圓一樣。這種人心上所用判斷行爲的標準器，就是『道德律』。有形的度量衡，是量物的，放在外面，人人皆能看出，自然人人皆絕對承認其存在；無形的度量衡，是量事的，放在內面——即人人心裏，也是人人皆能覺得，人人皆絕對承認其存在。

以上所說，是道德律的簡明意義，現在可再把道德律和自然律及國家法律兩樣，比較一下，以便明其性質。

本來宇宙間一切現象，不外『物』和『事』兩種；『事』便是物體動作的表徵。我們對於事的稱量方法，可以說得有三種：(一)就全體公通的事而加以稱量，則所用的，爲『自然律』。(二)就人類一部分的事而加以稱量，則所用的，爲『道德律』。(三)再就人類一部分中特殊的事而加以稱量，則所用的，爲法律——即國法。自然律範圍最廣，不僅施於人類動作。道德律則範圍較狹，所施僅及於人類，且僅及於人類有意識的動作。法律則範圍尤狹，對於人類有意識的行爲，施以判斷，僅限於一地及一時。

自然律，道德律，法律三種，所以能搆造成功，實在是人類文化演進的結果。就發達次序以言，則法律在先，道德律在後，自然律更在後。不過這三項，是交互錯雜的，并不能把他們的界限，分劃得十分清楚。比如在法律成立時，已有了道德律的萌芽；道德律既成，則智能進步，自然觀察，也就具有端倪，對於自然律，自能逐漸認定。

至於道德律，如何產生，如何發展，也可以畧說一下。人類心能的發展，本來是由外而及於內，由物而進於人，由人而進於己，由神而進於天(即無意志的自然)，由天而歸於人。羣治之組織，國家之搆成，道德之成立，學術之發展，無一不是如此。最初，是震驚自然力的偉大，幾乎莫知所從，於是風吹，雷動，日蝕，山崩，火起，水湧，以及人有生死，物有成敗，一切皆認定有神焉，爲之主宰；因而心理上遂養成服從威權的觀念，並且和人類的合羣謀生的觀念，同時並起。代神行權，乃有君父；君之地位，則由武力謀略，以及其他技能——如替人醫病，造作應用物品——等以得之；父之地位，則由撫育子女，儲蓄私財，代禱神明以得之。父權立，則家族之制成；君權立，則國家之制定。此時一大羣自幼而壯由壯而老的芸芸萬衆，咸生活於家族國家兩種制度之下，如何才可以保其生存，如何才可以得其安樂，其第一要件，就是在於養成服從威權的習慣。因而由公共心理的表示，分別出若干事件，認定某種是當爲——即不可不爲，某種是不當爲——即斷不可爲；這是必然的趨勢。但是，人類不齊，未必當爲之事，皆能保人人必爲，不當爲之事，皆能保人人不敢爲；因而此時應著人類需要，乃有所謂賞罰之制，對於當爲而爲之人則獎賞他，對於當爲而不爲的人則懲罰他，對於不當爲而爲的人，則更加重懲罰他。司賞罰的，不是別人，就是君和父；而君父當實施威權時，又必口稱代行神意，以示大公。於是一羣的人，其初服從神的威權的，至此乃又服從君父的威權了。君父不能不死，而代表君父威權的法律，則亘古永存，不容侵犯；此時所謂正邪善惡等名詞，已經附着於人類行爲而成立。縱然國法家法，有時疏漏，而一羣之內，亦必騰爲口說，指出某爲正，某爲邪，某爲善，某爲惡。這就叫做『社會輿論』。人類到了畏懼社會輿論的程度，則社會威權，已經完全成立。社會威權，能具有及於人類行爲的效力，便是『社會制裁』。由此養成道德觀念，覺得人人心理相同，就是『道德律』。

以上是專就道德觀念發展一端說的。須知同時隨之進化的，斷不止道德觀念一項，如關於觀察物理的知識，利用物力的知能，亦必日益豐富，初由驚疑自然而成迷信，後來也能由觀察自然而搆成抽象的理想。最初認定天是神明主持，纔乃認定天是萬物之根本（即萬物始）。以爲物之動作，一依乎天，天有道有理，而人之行爲，亦莫能外，於是就把天道應用到人道上面來了。人是以心爲主，無心則物無以存。心能觀，能察，能思，能慮，他的能力，是超乎一切物類以上，可以代表自然的天理，而能活潑流動，自強不息，進化不已。物不過是心的附屬物，利用品，有心才有我，有我而後才能有人。到了『我』與『心』的觀念成立，於是知能的範圍，就益形擴充了。因此對於道德律威權的服從，也就是不像從前專重外面，不重內面，一味盲從，不加思辨了。

於此可知我們人類第一步，是以神的威權，做行爲的標準；神的意志，就是我們的道德律。第二步，是以君父的威權，做行爲的標準；君父的意志，就是我們的道德律。第三步，以父君所創作的法律，做行爲的標準；法律便是我們的道德律。第四步，以社會輿論做行爲的標準；社會制度，便是我們的道德律。第五步，人類智能進步，以天道自然，做行爲的標準；『自然』便是我們的道德律。第六步，則以我一己的心能裁奪，做行爲的標準；那末，我的思考，便是道德律。這第六步的道德律，當然是屬於少數的哲學家，不能望之於一般常人了。可是，智者是庸愚的指導，則由此少數人的討論研究，也未嘗不可以轉移一世人心，使人類行爲，得着一個較正當的標的。

第二節　道德律的形式——道德判斷的兩種形式

我們當實施道德判斷時，不可不具有一種標準；而據人類道德進化的程序以觀，所謂標準，却又可以分解成兩種形式。我們平常對於人類行爲的批評，不是有兩種說法麼？一方面稱他做『正』，或稱他做『邪』，又其他一方面，稱他做『善』，或稱他做『惡』。就這『正邪』和『善惡』兩樣語義看來，已經覺得大大不同了。那末，我們判斷人類行爲，用這兩樣不同的評語，自然就要分出兩種不同的形式，也就自然在有意無意之間，立出兩種不同的標準。

現在可捨人事而言物品，即以評論物品的方法，做一個評論人事的引喻。我們平常看見一種用物，或一種可作製造品的材料，如一張桌子，或一塊木料，往往說是『正』，或『不正』，這是專指外面的形體說的；如說是『善』，或『劣』，就不是專指外形，一定要論到物品內裏的性質了。所以論形體，則只可顧其形式，而論性質，則必並及其價値。形式和性質一致的東西，固然是很多，但也有外表不佳，而內容却很好的，也有內容不好，而表面却很好看的。『金玉其外，而敗絮其中。』『以貌取人，失之子羽。』此二語可爲明證。我們對於人類行爲，加以觀察，加以批評，情形也是如此。如是專看他的外表，只論其合不合，則可捨其行爲之價値而不問；如是專論其行爲之價値，則有不合於風俗習慣之行，也未嘗無可取之處。革命舉動，明明是觸犯法律，而其結果，則可以福利人羣。鄉愿貌似誠實，孔子且說他是『德之賊』

，謂其『有害於義』。大概所謂正邪的判斷，是含有是否合於規則及正當之義，所謂善惡的判斷，其意之所指，則在行爲能否達到一種目的，或對於某一種目的，能否表現價值。這兩樣的區別，還不僅僅是一個觀其外表，一個察其內容，並且是一個只觀其一部，一個能兼及全體。

再就我們實踐生活上所用的言語看，也可以顯出這兩種區別。如所謂『義務』，是指人義所當爲或不可不爲說的；所謂『職務』，是指人分所應爲說的。這皆是含有『正』字一彙的概念。人具有這種言語，具有這種觀念，對於人類行爲，便覺得具有拘束的效力。所以人如當爲而不爲，往往說他是不履行義務，不盡職守。通常所用『當然』，『理當』，『應該』，『理合』等語，皆是表現這一種觀念的存在。這可以歸納做一類。如所謂『德性』，便是指人類行爲適合於人的目的而言；所謂『價值』，便是指人的行爲，能發生好的影響而言。這又是含有『善』，或『善的目的』一類的意義，也可以另歸納做一類。

由此以言，在道德判斷上，旣分出兩種形式，那末，在倫理學上，一定要分出兩種標準了。此兩種標準，就縱的一方面看，我們可以說，是人智演進必然的現象；就橫的一方面看，我們又可以說，他本是一個標準，因觀察論斷時，從兩方面所定觀察點不同。我們對於前一種，可用『法則』一個概念來表示他，對於後一種，可用『目的』一個概念來表示他。因爲前一種判斷的方法，只看到行爲是不是合於善的法規，後一種判斷的方法，則看到行爲能不能達到善的目的。

那末，就這兩種不同的判斷形式看來，究竟應該取那一種來做道德判斷的標準呢？他們兩方的關係，是怎樣呢？對於這兩個問題，當然也要加以討論。以下各節，即爲解答這個問題而設。現在且就他們產生的狀況，略說一說。

說。

若就這兩種判斷形式的質地以言，目的概念，比較法則概念，還要十分重要；因爲法則概念必定要經過目的概念的陶鎔，才能有存在的價値。若就兩種判斷形式發展的次序以言，則法則概念，却是先入於人類意識之中。無論那一個民族，那一個個人，他的最初道德觀念所以能成立，皆是因爲他的行爲，是受法則的限定，專從消極一方面，迫脅他不敢爲，或不敢不爲；不能爲，或不能不爲。可以說，這種觀念，是因迫脅或限制的結果，始得逐漸搆成。一個人由幼至壯，養成道德觀念是如此；一個民族，由野蠻而至開明，養成社會的道德習慣，也是如此。父母的訓誨，師長的啓迪，社會長老的指示，國家法律的制裁，使一個人不容不具有道德觀念，實在是經過極複雜的手續。神權的畏怖，父權君權的督責，社會輿論的贊賞譏評，歷代聖賢豪傑的崇拜信仰，古訓格言的昭昭垂示，使一個民族，不容不具有道德觀念，也實在是經過極長久的期間。可以說，我們一有此生以入於世，即已覺得有一個法則，橫在面前，要求我們絕對的去服從他，雖是到了成人時候，而服從之習慣，還是不能盡除。不惟幼稚的民族，是這個樣子，就是在今日開明民族中，又何嘗不視道德律爲神聖所定，君師所制，用以指導我們的呢？

不過服從生活，經歷既久，勢必有反省生活，繼之以興；而反省作用，却又不是純粹離去服從心理，驟然能宣告獨立。譬如小兒學步，初則匍匐而行，繼乃扶物而走，終則直立獨步；行之既久，加以修練，且可快步賽跑。須知賽跑雖迥異於匍匐，實則仍是由匍匐逐漸演進以成。玆試就反省狀態，析爲三級如次：

(一)在文化幼稚時代，或文化稍進化時代的個人，他的思想，雖覺發展，尚未能完全脫離幼稚。此時看社會上固有的一切法規，皆可以拘束行爲，故外面的勢力特重。

「(二)迨人智稍進，才能漸漸發生覺悟，因而對於舊有的社會規則，覺得不盡適合於人類生活，有時要加以補正，有時要加以增減，總期固有良規，不露缺點。此時遂漸漸由社會的外法則，進而成良心的內法則了。

(三)及其終，此兩種法則的見解，皆不足以當世人的批評；於是乃視察到這個法則，與一目的關係是怎樣，討論到自昔相傳下來的制度規律，是不是和人類善的目的相合。目的觀念既確定，於是乃有所謂『眞善』的懸擬。此種眞善，便是人類判斷善惡的標準，且可把行爲判斷的概念，完全歸納於目的判斷之中。

至於在這兩種判斷形式生長進行之中，復有『良心』一項，做他們兩方過度的橋梁，也不可不特加叙列。至若詳細討論，當然讓之次節，此處只可略說幾句，做一個小小的引論。

道德行爲的判斷，由於個人心能的辨識，辨識的結果，便分出兩種形式：一個是注重法則，專看行爲合不合，所論究的，是『對不對』的問題；一個是注重價值，專看行爲善不善，所論究的，是『好不好』的問題。辨識出對不對，這是平常人人皆能做到的，能辨識出『好不好』，恐怕就不是平常人所能做到的了。怎樣能辨出『好不好』的界限呢？必定要看得深，見得遠；怎樣能看深見遠呢？必定要具有特殊的眼光，特殊的識力。如是純粹拿社會的風俗習慣和國家的制度法律來做判斷行爲的標準，這種標準，明明白白，放在外面，人人一看，皆能了解，實施判斷，自然不難。這正是如前文所說的『外法則』了。若由外法則的判斷標準，發展到『眞善目的的懸擬』，這是一方面本着個人的知識經驗，一方面參酌社會組織的各種情形，並了解歷史進化的狀況，用以評定人生最後的鵠的。持此鵠的，以爲稱量人類行爲價值的標準器，自然不是容易的事，可以爲多數常人所能企及。蓋論其程度，實已超乎內法則之上，能把內外兩方面的法則，聯成一氣，冶合一爐。至於介乎『法則判斷』和『目的判斷』之間，復有一個『良心判斷』的階級，其程度雖由外法則移向內法則，但還未能達到目的判斷的地步。這一個階級，却是握道德知識進化的樞紐，估道德知識的中心，也不能不認爲異常重要。那末，我們對於道德判斷的形式既明，自不能不先行對於『良心』問題，一加討論。

第三節　良心說與道德標準

什麼叫着良心呢？可先把他說一個概要。

我們平常有些事，是願做的，有些事，是當做的。如是願做的事，就是當做的事，那末，心安理得，壹意做去，自然沒有什麼問題發生了。可是，有些願做的事，却不是當做的事，又有些當做的事，却不是願做的事。在這樣情形之下，願做和當做，就不能一致了；不能一致，就要發生問題了。現在如是對於不當做的事，自己已經知道，但是，因爲受了物欲的驅使，仍然去做。當最初要做的時候，心意上便覺得起了一種不安狀況，似乎要阻止我去做的樣子，待到做完以後，心意更覺難受，甚且坐卧皆不寧貼，有說不出來的疾痛。這一種心象，是屬於苦的一方面的。還有相反的一方面，如是對於當做的事，自己已經明白認定，但因前途困難太多，危害太大，眞是叫人不敢做，不願做，却是此時心意上，似乎又發見出一種勸勉我去做的樣子，鼓勵我去做的樣子，結果明知其有困難，有危害，還是毅然決然，放胆做去。到了做完以後，心意上便覺得加我若干獎勵，我因受了獎勵的原故，也就十分歡喜，十分愉快。這是屬於樂的一方面的。心意上表現這兩種現象——苦痛或快樂的現象，似乎有一種東西，做我們心靈的主宰一樣；他能秉崇正黜邪的公心，能發趨明避暗的大令，能施奬善責惡的賞罰，具有超人的知慧，無上的威權。這是什麼東西呢？這就是『良心（Conscience）』。

那末，我們用這個良心來做判斷行爲的標準，便可以算內面法則了麼？便可以算圓滿無缺憾了麼？這個問題，下文應該加以討論。現在可把良心的意義及性質，分析開來，再說一下。

良心，究竟是什麼東西呢？照普通所下的定義，則有如次列：

『良心，是道德判斷的直覺的能力，而附之以特別的感情。』

由這個定義，可就良心判斷能力上，再把他分析成三項：

(一)良心判斷是直覺的——所謂直覺，就是不必待推理作用，便可以直接分別出是非邪正。如對於詐僞及卑鄙等舉動，我們可以從本能上加以訶責，對於誠實及節制的舉動，我們可以從本能上加以讚賞。

(二)良心判斷是根本的——所謂根本，就是把良心認做人性中一個究竟事實，不能再分析爲他種原質，所以良心判斷的勢力，要求我們服從的時候，絕不雜有計較利益及快樂之心在內。

（三）良心判斷是普徧的——所謂普徧的，就是說人人皆具有良心。無論時之古今，文化之高低，旣成爲一個民族，則民族中各個人，當無一不有良心的存在。人之具有良心，猶之乎人之具有視聽官能，凡是健全之人，無不具有能視能聽的能力，同時也就無不具有判斷行爲的良心，其普徧性，可以說是一個樣子。

照這樣解釋良心，在倫理學史看起來，可以稱做『直覺論的良心說』。我們現在要論究良心，當然是以這種良心爲對象。

在直覺論認定良心可以做判斷行爲的標準，其功用就在於前文所述的三點。本來這一派——直覺派——的倫理學說，在西洋是居於『傳說的倫理學』與『科學的倫理學』的中間，自十八世紀初的邃夫智伯利（Shaftesbury）至近世的馬梯尼（Martineau），頗佔重要地位。他是對於傳說派的倫理學，能加以矯正；且反對道德與利己主義的一致，功績却也不小。以中國論，如宋儒程朱一派，也頗與此相近。可是，若竟承認他能做判斷行爲的最善標準，則殊覺不妥。一般人非難直覺論，以爲他的最大的缺點，是使普通感情易與判斷心能相混。舉一例來說罷，如尊重風俗，懼失禮儀之心，即不能取以與良心相區別。可是，這還未能中其要害。現在如欲加以眞正的批評，仍須對於良心要素，施以精密的分析，然後再論其缺點。

原來良心的要素有兩種：一爲知力的要素，一爲感情的要素。我們稍加反省，便可詳知。今試略爲論述如下。

(一)良心本是一種判斷能力，此種能力，幾與法律有同樣的效用。在普通言語中，我們常常說：『良心所命令』，『良心所不許』，『良心所控訴』，『良心爲證』，『良心讚賞』，『良心懲罰』。由此看來，良心作用，豈不是和一個立法及司法的混合機關，是一個樣子麼？旣爲立法人，自定應守的法律，同時復爲控訴人，檢舉不守法的行爲，並且爲判裁官，爲證人，審問行爲者罪狀，證實行爲者罪狀，因而決定其處分。其機關旣如此尊嚴，作用又如此複雜，自非有充分的知力，不足以資運用。

(二)但是，除此判斷的作用以外，又不可不有感情，隨之以起。因爲非具有感情作用，絕不能表現出判斷的效能。行一善事，受良心讚賞，隨卽使之快樂；行一不善，受良心責備，隨卽使之痛苦，——尤其是對於已過去的行爲，違反良心的行爲，其效力尤大。蓋悔恨之情，在情緒中最爲強烈，『道德的情操』，『道德的感情』，這不是我們平日常常稱說的幾句話麼？在反對純知說的人，且有用情操來代替良心的主張，認定良心是純屬於情緒作用，或竟以此幾句話爲依據。可是，此幾句話的意義，實在是不大精確，頗少依據的價值。因爲就感情能力言，他雖能幫助良心作用，作有力的判斷，而論及感情之自身，則原爲盲目無知的東西，絕不能判斷何物。此一層我們萬不可不明白。不過感情爲良心中的一要素，此却是不可掩飾的一種事實。無論何人，也不能否認的。

如此說來，良心能否爲判斷究竟的標準，也就不難畧知一二了。蓋良心雖屬於內面的法則，但如直覺論所說的良心，絕不含有目的的觀念在內，則施之於道德判斷，必不能爲至善的究竟的標準，此則可以斷言。欲知其所以然的理由，可把良心判斷的重要缺點，略爲叙述一下。

第一，感情要素與知力要素，有時不免發生矛盾。如若我們對於一種行爲，既加以知力的贊成，同時復興起感情的欣賞，既加以知力的非難，同時復興起感情的厭惡；這是良心中兩樣要素，能互相調和，於生活上有一定的標準可循，自然不至發生什麼矛盾的現象了。可是，有些時候，在理知方面，決定一種行爲，或贊同一種行爲，而感情方面，偏偏發生悔恨，試問對於此種衝突，如何才能把他疏解呢？又對於這兩種不同的心象，將來決定服從那一種呢？這種現象，如在心理學說明起來，本來也是簡易的很，——就是感情在人類生活中，是屬於保守的要素，而理知在人類生活中，則是屬於進步的改革的要素。故雖理知判定某行爲爲無罪，而感情仍可以悔恨加之。可是，我們對於心象上這兩種不同的勢力，既不能決定應該從違那一種，則倫理學上的問題，仍然是不能解決。無論我們怎樣來解答這個問題，或者是對於此兩種不同的心象，論定甲優於乙，或乙優於甲，然而總不能不求一個判斷標準於此二者之外，這不是明明白白的事麼？

第二，良心判斷，是相對的，不是絕對的。普通皆說良心判斷，足以代表我們判定邪正的原則，如妄言放蕩，一定要加以非難，貞實節制等，一定要加以讚賞。這就是實踐推理式的大前提，由我們直覺上自然發見出來的。果然如此，則良心判斷，必當具有普徧性了。可是，實際考察起來，却又不是這個樣子。不惟沒有普徧性，並且因時間的不同，地域的不同，往往發生衝突。如此則邪正標準，又將怎樣認定呢？

在專拿外面法則做判斷的標準時，固然發生了許多困難，但是，良心的構成，也是由於外界勢力的浸淫醞釀。如種種法律，種種教條，種種習慣法，種種道德律，何嘗不是皆從外界範圍到我們心靈的呢？所以雖本着良心判斷，而實際仍不能離開法則。如是專以墨守法則爲道德的極則，可以斷言對於行爲判斷，必至於躊躇迷惑，莫知所從。如勿欺，如戒殺，如愛人，明明是道德律所命了，明明是良心所示了；然而如視友人之疾，聞醫者言將不起，此時將直言以告呢？還是隱而不語呢？直告，則是增友之憂以促其死，不告，又不免於欺人。試問，遵守法則之人，至此將何以自處？又如守男女授受不親之禮，嫂溺便可以不援，畏無後不孝之誡，便可以踰墻摟人處子。如此則法則之深入人心，豈不是不惟於人類生活無益，而反大大有害麼？本來社會人事甚繁，斷非規律所能悉備；況且因時異宜，因地異宜，也絕非僅憑個人良心所認定的法則標準，便可以統括一切。所以法則無論如何周密，良心無論如何遵守法則，但本良心所施的行爲判斷，總是相對的，不是絕對的，總是宜於甲的，未必宜於乙，合於此，未必合於彼的。

苟欲彌補這種缺憾，自然也有種種解釋，如謂：「人莫不知有邪正的區別；因爲邪正觀念，是人類所固有，縱然道德因時因地不同，判斷邪正，也不能無異。但是，邪正觀念之在人心，還是不改故常，毫無所損。」這樣說法，總算是很有理由。可是，如其所言，則是已經自捨其本來的立脚點，另將立脚點，移到他處了。彼謂我們直覺上知有某標準存在，須知這個標準，就不是直覺所能知。因爲『知有標準』，和『知標準是什麼？』，這兩個語義，是絕對不能一樣。如說直覺上所知的，並不是『正與邪是什麼？』，而但爲人生的眞正目的，則此時心意上的判斷，已另外取了一個途徑。何以呢？因爲我們此時已經不把道德判斷的標準，看做法律，簡直就拿目的來代替法律了。

第三，良心判斷的法律權力，仍是外面的，不是內面的。如把道德看做服從外面的法律，是必因其具有制裁之力，始能認識。就是因爲不服從這個法律時，必有刑罰的苦痛，隨之而來。因爲懼罰避苦，才去服從。可知服從並不是由於個人的志願，當然不能算做眞正道德。充類言之，也不過是『謹愼小心』罷了！以『謹愼小心』，來代替眞正道德，這不是利破壞道德的尊嚴無異麼？可是，在直覺論者所主張的良心判斷，則謂絕不與此相類。彼以爲良心的法律，不是外面的，所謂『良心之聲』，正是純粹發之於內。然而精密考察一下，良心的法律，實在是仍與外面的法律無異。何以呢？因爲內面的法律，必爲我們全體的法律，絕非我們一部分的法律。如是此種法律，僅爲『我』的一部分的法律，仍然是立於『我』外，則他部分服從此法律，仍與服從外面的法律一樣。因此我們可以分解這問題說：『如直覺論者所稱良心，是否爲『我』的全體，取特別的途徑而知且感呢？還是僅屬『我』的一部分，寄居於『我』的體中，而對於全體的『我』所計畫，如同一個賓客呢？』

就這個已分解的問題，加以辨釋，便可以斷定良心的法律，仍屬於外面，與內面無關。蓋從直覺論者所說，良心是一種特別能力，並非『我』對於自己行爲的判裁。彼等既認定良心是道德判斷的能力——是一種區別邪正固有的能力，不可思議的能力，和意識中他部分相離，可加命令於我們的意志；則此等見解，已與心理學的說法，大相違反，且與『道德乃我們服從自己所定的法律』之說，不能相容。所以可斷定他是外面的，不是內面的。

良心判斷，既有以上三種缺點，則不能認做道德標準，自可無疑。我們也就不能不另尋超乎良心以上的目的來做道德判斷的標準了。

第四節　目的說與道德標準

如直覺派之所謂良心，既不足爲道德判斷的標準，於是遂有就直覺論的良心說而加以修正的說法出來；其修正說的要義，約如次列四點：

(一)良心，是『全體的我』或『眞我』整理我意識中所有的各部分後，才發現出來。

(二)這一種整理各部分的要求，就是理性的意識的『我』所要求；要求的目的，在對於有意動作中所表現出『特別之我』，施以明確的判斷。

(三)良心之聲，就是『全體之我』，或『眞我』所發之聲；也就是對欲望及情緒中『部分之我』，或『假我』所發的命令。這種命令系統，就是道德律。

(四)人類的道德，是在於服從此種命令，而意志所以能自由，也是在於服從此種『眞我』的命令。

照這樣修正良心的意義，實在是已經超越良心的法律以外，代之以目的的理想了。定出此種道德標準，已不能再叫他做良心判斷的標準，只好叫他做目的判斷的標準了。在創爲此說之人，雖然也是重視道德律，認他有無上權力，貌視之，似與直覺論的良心説相類，可是，彼絕不承認無上權力，是道德律自身所固有，只認他和『眞我』所欲實現的目的相關係時，才能有權力的表現。這是『良心論』和『目的論』絕大不同的一點。

繼此，可再把關於『目的』的特質，分列六項，論述如下。此在本書中，可說是最居重要地位，實爲貫通本書根本主張的樞紐。

第一，倫理學上所謂目的，與生物學上所謂目的迥異。 論述目的的特質，第一層，應該明白的，就是倫理學上所稱目的，與生物學上所稱目的，大不相同。因爲人類的目的，是意識的目的，絕非自然的傾向。在其他有機體的生物，雖然具有生存目的，似乎也含有意識作用在內，但畢竟無明瞭意識，運用於其間。哲學家統論生物生存的法則時，固然也可以説生物皆有意識（如前文所引柏格森的學說），然而論到人類，就不能不另闢一域，以示超越於其他生物之上。所以在生物學上所謂目的，是暗向的，非明知的；而倫理學上所謂目的，則是懸於意識之內的。暗向而非明知的目的，是純粹爲求適合於周圍環境，用以遂其生存，由此生活形式，得以日臻高尙，懸於意識中的目的，則對於所欲望的對象，已能十分明瞭，務要追求其究竟原因。故倫理學可稱爲目的之學，生物學則屬於經驗之學。倫理學所論究的，自然是人類究竟的原因，非有效的原因。如生物學中進化論所指示，乃正是人類意識所由生的有效原因，非究竟的原因。這是一個大大不同之點。

論到生物進化原理，人本是生物之一，當然也是由下等生物，逐漸進化而來，與生物相比照，自不能無公通之點；可是，在生理方面，雖與生物相同，而在心理方面，則特別複雜，絕不與生物相類。這就是說，心理方面，雖與高等動物，相去無幾，而在倫理方面，則是佔特殊地位，絕非其他動物，所可企及。那末，人之所以爲人，可以說是『倫理的』，不純是『心理的』，更不純是『生理的』。須知人類所以具有倫理的特質，也是因爲經過億萬年的演進，而後才能由不明瞭的目的活動，進而至於明瞭的目的活動。我們又可以說，人類是由生理的心理的境地，進而入於倫理的境地。同時在學術方面，也可以說，由統論生物，說明有機體目的的原質，進而至於専論生物中的人類，說明意識的目的的原質。這就是由生物學入於倫理學，由經驗科學入於目的科學的次第。

第二，目的與『善』的關係。這種目的，既爲意識的目的，那末，如是表現在行爲方面，究竟又是什麼東西呢？我們便可答應一句說：就是『善』，就是『自己的善』，也就是『欲望的對象』。茲試一爲略述其義；

本來一切生物的活動，皆以生存目的，做他的惟一趨向。凡是適於生存目的的，必爲其所欲，凡是不適於生存目的的，必爲其所惡。不過生物雖向所欲的生存目的以進行，並不能明瞭他的目的所在；而人類則不惟趨向之，且能意識之。因爲能明瞭意識所在，所以和一切生物，就大有區別。此在上文，已經說過了。大概宇宙間一切動物中，眞能擴張意識作用，以發展一己生活的，只有人類。人類是以善爲特有目的，視爲可欲，必求滿足而後已，所以意識的目的，實不外『欲望的對象』。所欲之善，是自己選擇的，所以目的既爲欲望的對象，又可爲『自己之善』。有欲必有惡，有善必有惡，自然是一定而不可移易的。人類因生活進行，趨向一個求善的目的，乃有欲惡，因欲惡的表示，乃有善惡相反的兩名詞；這兩個名詞——善惡——的構成，也正是因爲活動的結果，與目的不能完全適合。所以凡是欲的，自然就叫他做『善』，凡是惡的，自然就叫他做『惡』。由此看來，凡是道德的評價，實在因其與目的相關；倘不與目的相關，則善惡兩名，也就無從成立了。不但行事是這個樣子，就是以用物論，又何嘗不是這樣呢？紙何以稱好紙，筆何以稱好筆，因爲他能適於書寫的目的。雨何以稱好雨，是因爲能潤澤五穀，和農夫的目的相合。風何以稱好風，是因爲能鼓帆急行，和舟人的目的和合。若農夫舟子之目的不存，則怨雨怨風，恐怕又大有其人了。於此可以明白所謂『善』之一名，是適於目的，才能成立。物且如此，人更可知。

至於『適於目的』一語，還含有『適於某事物所特有的目的』的意義在內。我們對於一種事物，所以稱他爲最善的原故，一定是因爲他能適於所特有的目的，如是適於多種目的，恐怕就未必能稱善了。包治百病的丸散膏丹，可以斷言未必是良藥；能教授一切學科的教員，可以斷言未必是良師。何以呢？因爲他已失却了專門特有的價値。剃刀必以宜於剃頭爲最善，因『剃』是他特有的目的；若用剃刀去割鷄，去屠牛，那也就失去他最善的價値了。人也是這樣，所謂善人，是因爲他能適於人特有的目的；若以七尺之軀，僅僅能適於吃飯，適於穿衣服，適於生殖子女，還算什麼善人呢？

第三，目的與『至善』的關係。前條說到『善』，尙未說到『至善』。欲探究『至善』一詞之由來，却也很容易。看一看平常用語，如是我們說到『人生目的』一句話，便已含有『人生最高最終目的』的意義在內。如此，則我們對於最高最終目的，當然可以稱之爲『至善』。

人既以『至善』爲一個最高最終目的，則對於此種『至善』，自應要先把他的性質辨明。至善的特質，是怎樣呢？我們可以說：『至善，乃是人生全體之善，並非一切特別之善的總和。』我們應該追求全體之善，表現於人生最終目的，乃可以達到人生最高尙的滿足，最永久的滿足——即所謂『完善的滿足』。

全體之善，是從『全體之我』表現出來的，全體之我，就是『統一之我』，『有系統之我』。我們既生着，既活着，即不能無欲望，有欲望即不能不求其滿足。可是，欲望不是一樣：有特別的，也有統一的；有孤立的，也有有系統的。特別及孤立之欲望的滿足，就是『特別之我』及『孤立之我』的滿足；統一及有系統之欲望的滿足，就是『統一之我』及『有系統之我』的滿足。統一之我，有系統之我，實在就是全體之我的別名。由全體之我，表現出全體之善；而全體之善之根，乃在於整理特別的欲望，成一個統一的欲望，調和孤立的欲望，成一個有系統的欲望。蓋欲望自身，等級本是各不相同，必使低等欲望，隸屬於高等欲望，高等則隸屬於最高等，最高等則更隸屬最最高等，一層一層，隸屬上去，成了一種秩序井然的組織，則統一的生活，才可以實現，全體的我，才可以成立，完善的滿足，才可以達到。這就是所謂『至善』，也就是所謂最高的最終的目的。

我們要追求意識目的，以進行生活，實現人生，圖自己滿足，第一要認明這個目的，不是孤立的，是具有系統的；若達到孤立的目的，則只能實現人生的一部，絕不能實現人生的全體，只能圖特別之我的滿足，絕不能圖全體之我的滿足。何以呢？因爲這個目的，旣是孤立，勢必至於支離破碎，不相統屬，終難達到最高目的或最終目的的滿足。如食飯，睡眠，訪友，看報，旣皆可以與人以滿足，而實行道德之事，也算是一種滿足。可是，同一滿足，而滿足的內容，則大有分別：有暫時滿足，事後即覺不滿足的，有對於此方滿足，再看彼方，即覺不滿足的。換言之，就是使特別之『我』滿足，而我之全體，則以爲不滿足。因而在同一滿足之中，道德上就不能不有善惡的區別了。所以道德上最高目的的最終目的——即所謂至善，當爲『全體之我』的永久滿足，最高尙的滿足。譬如損他人以自利己身，就單獨的我說，算是滿足了，但就人我相接，組成一個社會的『我』說，就不能算是滿足；因爲這種滿足，實在沒有道德價値可言。滿足本是欲望的達到，所以欲得一個最完善的滿足，不可不具有理想的欲望，以整理調和一切特別的欲望。欲望本不一，總須捨棄其一時的，部分的，矛盾的；擇其全體的，永久的，調和的，由此以求欲望的滿足，便是理想滿足之善，最高的最終的之善；這種善，就是所謂『至善』。所以至善和目的，本是一樣東西的兩方面，關係密切絕，不能把他分開的。

第四，目的與手段的關係。繼此，便要說到目的與手段的關係了。如上文所說，目的是『全體之我』的目的，其所謂善，也就是『全體之我』所表現的至善。這種至善，當然是存於自身的最高目的，絕不是更高之善的手段。可是，一般人對於目的和手段，往往對於他的性質，區別不明，把他的關係，排列錯誤，以至發生種種誤解。現在既要詳述目的的特質，似乎對於此層，不可不一爲詳辨。

『目的』一語的意義，依照通常的詳解，是行爲初發時，向一個已決定方向去活動。這種解釋，自然是目的的本義；可是，目的一語，另外還有一個『終局』之義，這却是由本義引伸出來的。以終局之義來解釋目的，實在說起來，也很明白，何以呢？本來終局和目的，是就一件事的經過前後而言，既定目的，便有終局，說到終局，必有目的，說目的是行爲全過程中預定的活動趨向，固可，說目的是行爲全過程中所預期的終點，亦無不可。過程前後，本是一貫的，既不能把他無端截開，更不能容其有矛盾性存在。

手段是爲達到目的而設的。比如我要用鉛在紙上畫一條直線，一定先要量好距離，打上兩點，然後再用直線板照着距離兩點，押在紙上，用鉛筆沿板邊畫去。用筆在紙上打點，是我們決定畫直線的目的，打點以後，用板押，用筆畫，則是達目的的手段。目的所在，是爲畫一條直線，只要你已經打下兩點，則押板用筆，也就萬萬不能出此兩點以外，更不能取一塊不平不直的長板來畫。所以板一定要平而直的，押在紙上，一定要照着兩點的，鉛筆畫時，一定要緊沿着板邊的。這皆是不容疑惑的事。那末，如此說來，『目的正，手段也一定要正』；反轉過說來，『手段正，目的也不容不正』。兩句話的意思，可以說是一個樣子的。

可是，有一種人，極力主張『目的辨正手段』之說。其意以爲目的是定之於先的，手段是繼起於後的，只要目的正，就是手段有一點兒不正，也不要緊，因爲正的目的，能辨正不正的手段。比如初定下一種目的，無論在人在己，皆承認他是正的，但是，所用的手段，却是不正。當用的時候，自己也明白，外人也知道，後來到了終局，還能達到正的目的。如此，則初步手段，雖然不正，我們也就不妨原諒他了。

照這一種說法，細加分析，可以認明他含有兩種意義：(1)是說，行爲的全過程，皆不正，而結局可以達到正的目的；(2)是說，初一段不正，到了中途，變更方向，而終歸於正。如從第(1)說，則是向南生長的樹枝，其端可以北向，當然爲事理所必無。以行爲的全體論，本是一個有機的關係，如若全過程皆不正，則最末一個終局，也絕沒有能再正的道理。就是說容或有之，也只是特別意外的結果，萬不可據爲原則。若從第(2)說，則改途以前爲一段，改途以後，又爲一段，兩段本來是各不相干，後一段雖然是正，而前一段的不正，仍然存在。

以上所說，是目的與手段的異同利關係的大概。

現在可再就人生行爲上，把目的分作兩種解釋，以便說明自由與手段的關係。(1)目的是指一人事的終局；(2)目的是指全人生的無窮理想。前者意義很容易明瞭；後者所謂無窮理想，再詳釋之，就是『人生至善生活的止境』。但是，這(1)(2)兩種，雖可分開，其間却仍有密切的關係。試就一人一事的終局以言，則健康，財產，學問……等各項目的，可以說，沒有一件不是正，也就沒有一件不是善。不過這只是『特別之我』之善，並非『全體之我』之善；只可認爲由此可以達到至善的手段，却不能即認此爲人之所以爲人的目的的。因爲人的目的，還有一個善的理想在。比如只顧目的，不擇手段，則想發財的人，不妨去殺人掠貨，謀有利於國家的人，也不妨去用暴力以侵略鄰邦了。論起殺人掠貨，與侵略鄰邦——這兩件事的目的正而手段不正，本是一個樣子；可是，世人對於前者，則斥之爲盜賊，對於後者，則褒之爲英雄，這就未免太不公平了。實則用不正手段，無論其爲利一身，爲利一國，皆是同爲道德法律所不許。何以不許呢？就是因爲不是『全體之我』的善，悖乎全人生的道德理想。蓋人生一言一行，雖然是各各孤立，貌視之，一似具有許多目的，可是，各個目的，決非破碎不完，總當有一個最高目的，以統一一生言行。假定目的或手段的觀念，是縱列的，則相鄰接的兩個觀念之中，高的對於低的爲目的，低的便對於高的爲手段。目的對於手段，是一步一步抽象的，手段對於目的，是一層一層具體的。較高的爲較低的所達到，則較低的須與較高的相一致，其價值也就爲較高的所規定。

第五，目的與行爲中動機及結果的關係。 繼此，更要說一說目的與動機及結果的關係了。在前文已經說過，我們追求最高的最終的目的，以期『全體之我』的永久滿足，這就是『至善』。可是，就行爲過程上說，這種『全體之我』的善，却又可從主觀客觀兩方面，分別開來看：在主觀一方面哩，行爲由動機以促動意志，由意志決定，以成動作，所求的，爲欲望調和的滿足，人格統一的實現。在客觀一方面哩，就是生活的圓滿與發展。換兩句話來解釋罷，就是從一個最初目的上看，所謂主觀的；一個從最終結局上看，所謂客觀的。其實主觀客觀，不過是一件事的兩方面，本來是前後一貫，雙方關聯，不能分開，不能截斷的；既不容前後矛盾，更不容畸重畸輕。可是，倫理學者對於行爲判斷，往往有只顧一方面，蔑視他方面的，因此在歷史上遂有所謂『動機論(Motivism)』與『結果論(Consequentism)』出現，致雙方對峙，斤斤置辨，可以說，皆是由於不明白目的的特質所致。現在可把目的和行爲過程中動機及結果兩方面的關係，略說一說，以使明白目的論眞正的價值所在。

德國康德（Kant）是主張動機論的。他以爲人的聰明，決斷，才能等，所以爲善性；富貴，尊榮等，所以爲善事，皆因有『善志（Good mill）』以統率制馭。否則如斯種種，反足以使人陷於罪惡。所以不能稱他爲絕對的善，只好稱他爲相對的善。只有『善志』，才是絕對的善。其所以爲善的原故，並非因爲他能生善果，實在因爲他的本身就是善。這個說法，固然不能說他沒有理由，可是，只重視善志之本身，只看到動機一方面，而不復計及效果，似未免流於形式。須知意志活動，萬不能無目的，目的就是預計某種結果時所欲達的欲望。仁人志士，當國破家亡之時，明知一人之力，不可以挽回殘局，然而一息尙存，仍是奮鬥不已。如孔子所謂『知其不可而爲』，這只是求其心之所安，初未計及效果何若。但是他能『殺身成仁』，『捨生取義』，所謂『仁』，所謂『義』，就是他的目的，也就是他『全體之我』的目的。當事機迫切，間不容髮之際，竟能從容就義，處之泰然。看起來，似乎不知有何目的，未加以若何計較；不知他本來是修養有素，平日對於最高理想，最終目的，已經時時存欲達之念，行之既久，成了固定的品性，所以於義利之辨，不待猶疑，即能毅然決然有以自處。若說意志與結果無關，豈不是意志活動，毫無一點目的存在了麼？恐怕天地間萬無這樣事罷！所以離開結果，絕不能言動機，因爲動機就爲着目的的表現。結果與意志不能離開，也就是因爲動機與目的不能離開的原故。

還有一派，是注重效果的，以爲道德的價值，全在看事實的成果何若。殺人之人，心雖仁慈，終不能逃殺人之罪；拯溺之人，心雖癲癇，仍不失爲善義之行。我們判斷一事的結果，只應該看他外表的結果，不必問及他的居心。這是因爲他們把動機和『意向』（即意志所欲達的傾向）分而爲二，以爲道德的價值，全存於意向，與動機了不相涉。意向是人所要做的標的，動機不過示人所要做時一種心的組織。意向是具體的目的，即預見而欲達的結果。彌爾(Mill)曾經說過：『行動的道德，皆屬於意向所要做的事，動機對於動作，是毫無效果的。』可是，這樣說法，實在是有點不圓滿。如動機與欲望，眞能判而爲二，便可以說動機與行爲無涉，若是動機對於某種結果所要達的欲望，互相聯合，則要作某事的意向，便是由此動機而生。試問，還能說意向無關於動機麼？意向旣是行爲的具體目的，動機當然就要和目的發生關係。如是行爲純出於無意識，則此時旣無所謂意向，自亦無所謂動機了。如邊沁(Bemthan)所說童子戲陀螺及縱瘋牛之喩，謂『善惡判斷，不能依據動機，因爲動機或生善行，或生惡行，或與善惡無關，是絕無一定標準。童子爲取樂而讀書，動機是好的了；未幾，又去戲陀螺，也不能說他是惡；又未幾，縱瘋牛於人羣，就不能算善了。然而他的動機，却同是爲取樂，同是出於好奇心。』貌看起來，說的甚好，可是，細加考察，理由也不甚充分。

如童子縱瘋牛，是屬於第一次，當他年事太小，絕不知有瘋牛能傷人的事實；但既經過了一次，有了經驗，仍是復蹈前轍，則其行爲已經有了志向，此時動機，也就不能純以『好奇心』三字了之了。於此可知有預見的動機，即有意向；意向欲得某結果，而動機就預選某結果。動機與意向，當然有不可離的關係。若說意向是這樣，而將來的結果，倒是那樣，這是預定目的和終局目的，不能一致。這種事實，自然也不能說完全沒有。如立志衞生的人，未必眞能延年；立志儲蓄的人，未必眞能致富。此則或因天災，或因人變，難保預見不與結果相反。然而總不能因夭折，貧乏，遂說衞生和儲蓄不好。又如居心謗人，結果或反以揚人之名；居心害人，結果或反以成人之事。可是，謗人和害人的事實雖未成，而他那一片妬忌殘忍的胸襟，奸詐酷烈的計畫，依然不能讓他消滅。何以呢？他的目的已具，萬不能因爲無結果，便說是無目的。如若僅問結果，不問居心，則楊廣開運河，這不是可以說功在百世麽？孔子尊君，不又可以說是共和的罪人麼？

總之，天下事，無無目的的動機，也無無動機的結果。既屬有意識的行爲，則動機爲動作之始，其選擇的目的，已在其中。動機具而動作與，則結果當然發見。若是中途受阻，使結果不能成立，也不能說沒有，可是，就原則上說，還應承認有結果的存在。若眞是無目的的動機，無動機的結果，則純屬於無意識的動作，自然也就沒有什麼善惡可說了。

第六，目的與人格的關係。最後，還應將目的與人格的關係，加以說明。所謂人生行爲的最高目的，本是具有統一性。這種統一性，可以說，就是人格的表現。前在第二編內，關於人格，已經略有所論述了。茲試專就倫理的人格統一，略爲一言。

人類生活，本不應陷入矛盾境地，但是，我們看一看，人生矛盾現象，幾於到處皆是：不應踰墻而摟人處子，而貴者青樓狎妓，金屋藏嬌，則認爲當然，且有國家法律，爲之保障。不應攘兄臂奪之食，而富者巧取豪奪，擴張私利，吸取弱者之資，剝削貧者之費，則認爲當然。我應愛我生長的祖國，而可以滅人之族，亡人之種。凡此種種，若詳爲羅列，且恐數十紙不能盡。其所以然的原故，皆是因爲人格缺乏統一性。人格統一性缺乏，就是人生最高目的不能達到。倫理上人生最高目的，本不應發見出不統一且互相矛盾的現象。雖說是人類與矛盾生活相終始，絕不容易消除，但是，人是倫理的動物，總當以追求這種最高目的的實現，做他最大的任務。

本來倫理的人格統一，與心理的人格統一大異；倫理上的至善目的——即最高的最終的目的，在於無窮盡的無限度的道德理想化。至於人類生活所必需的一切行爲習慣，一切制度法律，皆當視爲達此目的的手段；既不許與目的相背馳，更不許視達此目的的行爲習慣制度法律等爲目的。蓋至善目的，實居於人生價値的最高點，爲一切價値所自出；倘行爲與此目的相矛盾，則無論何種價値，皆當根本打消。至於『從權』之說，只可適用於相對的價値，絕不能適用於絕對的價値。所以値此一『從權』，彼一『從權』，兩權對立，不能解決之時，仍當以此絕對價價——即至善目的——爲標準。

心理的人格統一，在於意識作用的統一，是人之所以異於禽獸，常人之所以異於愚人。倫理的人格統一，則是君子之所以異於常人，聖賢之所以異於庸衆。在常人的生活，是善惡互見的，心理上可認他的人格統一，而於倫理則否。聖賢君子，是獨立不羈的，是識見高卓的，可以不爲習俗所囿，可以取現代的制度法律，加以合理的批評，而能自增進其行爲習慣的價値，以無限的努力，追求最高目的的實現。若說人生最高目的——至善，永無達到之時，須知聖賢豪傑，後先繼起，追求猛進，也永無停止之日。所以最高目的，又可以叫最終目的。『最高』，是指着空間最抽象的最高概念說的；『最終』，是指着時間，不能達到而務求達到的境地說的。所以又可以叫做『理想的目的』。如若說到人格上面，便可叫做『理想的人格統一』。

論述既終，可再把各要點，分條簡括之如下：

（一）倫理學上所謂目的，是人類有意識的目的。他對於所欲望的對象，是眞能十分明瞭。

（二）欲望的對象，就是有意識的目的。

（三）欲望的對象，必求適於生存目的。生存目的，是以善爲歸，所以目的又可以稱做『善』。

（四）這種善的目的，是出於自己意識的選擇，所以可稱爲『自己之善』。自己之善，與欲望的對象同。

（五）這種善，不是屬於『一部分之我』，是屬於『全體之我』。

（六）全體之我，就是不限於一時的我，一地的我，是具有最高目的的我。

（七）最高目的，就是『至善』。

(八)目的對於手段，是成一系統，居於最高點，爲人生道德理想所表現。所以人生最高的目的，又可稱爲人生最終的目的。

(九)這種目的，雖屬『自己之善』，却不是特別欲望孤立的滿足，乃是全體之我，統一欲望，調和欲望，得一個『永久的滿足』。

(十)行爲發於動機，即已含有目的在內。目的表於結果，動機早已與之連結。判斷一種行爲，全看他的目的怎樣。

(十一)人生最高最終的目的實現，也就是理想人格統一的實現。

(十二)人生目的，是至善；至善就是『眞善』。全體之我與人格統一，就是『眞我』。

第二章　道德的知識

前章論述道德律，既歸結到『目的說』一點，自應專就目的說上，略述各種主義，以便折衷論斷。可是，道德判斷，是根據於道德知識。道德知識，究竟從何而來；他的範圍，又是怎樣。此在道德哲學上，却是一個大大問題。所以我在未述各種主義之前，特設這一章，專來講一講『道德知識』。

要討論道德知識問題，却離不了『良心論』。本章所說，間有涉及良心來源問題的範圍，並不是故意與前章所說相混，實在是無法避免這個重複。

第一節　道德知識與良心的關係和異同——道德知識的特質

我們要論究道德知識的特質是怎樣，不可不拿良心來和他比較其異同，並認明其關係。本來良心這樣東西，是具有兩方面：一方面是理知，一方面是感情。理知作用，當然是純屬於道德知識範圍；而感情作用，則是專屬於義務感情範圍。論到良心特質，可以拿『道德覺悟』一語來解釋他；而所謂『

覺悟」一語，則已含有『情』和『知』的兩種作用在內。我們通常用語中，有所謂『良心感動』，這就是指對於一種行爲（廣義的，意念亦包含在內。）發生『愛』或『憎』的感覺而言。這樣感覺，確能把我們意向動作的觀念，團團環繞，成爲兩系：一系是予我以贊同，一系是予我以否決。感覺既成以後，爲時不久，我們心內，便可決定一種執意的狀況。由此就能把盲目的感情，一變而成明目的觀念，知道那一件事，是當爲，是不可不爲，那一件事，是不當爲，是不可去爲。這種執意狀況，以我們通常用語表之，就是所謂『良心判斷』。若只就『良心判斷』一種單純的作用以言，自然是屬於認識，屬於決斷，且可說，認識決斷與情感，毫不相涉。那末，所謂道德知識，似乎也就是專指這種判斷作用而言了。

可是，我們要仔細問一問，究竟道德知識，是不是一種單純的良心判斷作用呢？在一般人的見解，總以爲道德知識，是可以孤立存在的，是可以和情感不相關聯的；但是，就實際上細加體驗，乃知其却不盡然。須知我們對於一種行爲，如不能惹起內心的情感的反動，也就不必施以判斷。道德判斷的基礎，本來是建築於情感之上，而是非之見，也就是以此情感爲依據。通常我們遇着一件好事，入了我們知覺界限以內；既加省察而明其理，則讚許之情，自必油然而生，由是乃發抒所感覺，說這是善行，不可不爲。這就是道德判斷，也就是道德知識。

從前有些哲學家，認定良心是一種特別官能，因而說道德知識，也是特殊官能之一。不知良心作用，原是各種心象聯合而成爲一系的統稱；理知情感，縱橫交錯，幾不可分。我們就其作用的順序，强爲分析，也不過是爲便於講論起見。實際則一種情感起，斯時是非觀念，已經含於其中，一種判斷成，斯時情感作用，也並未完全消失。又有些哲學家，偏重良心認識的原素，以爲道德裁判，實不外此種原素的作用，因而斷定良心非感覺的官能，乃認識的官能。可是，若專言道德知識，而不涉及良心，則此種理論，或可勉強成立，若言良心，而忽畧情感，則良心作用，也就完全失掉了。

由是以言，可知良心是由『情』『知』兩作用交錯會合而成；而所謂道德知識，則是偏指知的一方面說的。但實際也並不能和情脫離關係。當我們擇行之前，發生出一種認識作用，此可爲良心作用的初步，也可算道德知識作用的初步。待到決定擇行之後，成功了一種判斷作用，此可爲良心作用的終局，也可算道德知識作用的終局。可是，在初步以後，終局以前，中間一大段的心象，則純由愛憎的情感，塡其間隙，肆其威權。無此情感，則認識作用，勢必倏起倏滅，不能持久。無此情感，則判斷作用，勢必無力拘束，不能堅定。所以道德知識作用之運行，能無壅塞凝滯之態，能顯出詳明比較之功，皆是賴有此情感以爲之助。

道德知識作用，是對於道德行爲，加以判斷，其與判斷一件物品的好壞輕重，是一個樣子；不但心象作用完全相同，即所用的知識，也未嘗完全相異。其相差之點，就是看他施用判斷時，所含情感成分的多寡，再申說一句，也就是看他對於良心關係的疏密。物品對於我們生活的關係，未必件件皆密切，因此好壞輕重，也就不必一件一件皆要去過問。若道德行爲，則無論屬於自已，無論屬於他人，關係便皆覺得異常密切了。關係既密切，自然容易侵入良心，觸起觀念，發生愛憎，施以判斷。

品性行爲，一向不好的人，有時他也能批評長短，說那一件是壞事，那一件是好事；可是，他口內儘可這樣說，而實際却不是這樣做。如是情形，可以說他是『口不應心』。口不應心，就是言行不一致。像這一種人，雖無道德，却不能說他沒有道德知識；可惜他的品性太壞了，雖有一點道德感情，大概也是倏起倏滅，不能打動他的心靈。却是不能就說他無一點道德情感，無一點良心。

還有一種人，自以爲具有道德知識，又能身體力行；可是，他的所謂道德知識，皆是極陳腐，極頑舊，所行的，也皆不合時勢。如所謂愚孝愚忠，其心未嘗不可嘉，但如他所知，如他所行，實在是無益於人羣，且有害於進化。如此則雖有道德知識，却不能認爲眞的道德知識，善的道德知識。至於這一種人道德情感，恐怕是很豐富的；可是，因爲他的道德知識太差，故雖有道德情感，無人加以指揮支配，自然也是毫無用處。

由此以言，可知要判定道德知識程度的高下，則又須看良心的程度怎樣了。施錢於壯年乞丐，實所以長其惰怠之習；而在施錢者，則未嘗不自謂發於惻隱之心。身受蛇傷，忍痛斷腕，所以爲保全全體；蓋斷腕雖痛，而比較亡身則利大。如此比較輕重，也未嘗不是出於良心判斷。於此，我們便可以明白道德知識這樣東西，其內容不可不求其豐富，其範圍不可不使其擴充。豐富擴充，就是進化。道德知識能進化，良心也就自然可以隨之進化。道德知識，所以能進化之故，則又不可不賴其他各種知識來調和補助。必定能不限於時，不囿於地，不爲習俗所拘，不專以道德知識爲孤立的一種官能，乃可取其他各種知識以作我判斷行爲之用。中等學校內特設修身或倫理一科，專爲授與學生以道德知識，其意未嘗不善；可是，如國文學，歷史學，地理學，數學，自然學，美學等，那一件又不是和道德知識有關呢？所以我們當判斷行爲時，觀察點一定要多，所引證的資料，一定要富，所施用的方法，一定要確；不然，僅僅呆守幾句古人格言，即以此爲良心判斷的標準，也就萬萬不配叫他做道德知識了。講到這個地步，我們便可以說：『道德知識的作用，是由良心作用表現出來的，是屬於良心知的一方面的，是離不了情感的，不是孤立的，是多方面的，是複雜的，是要含有進化性的。』

第二節　道德知識與善惡的關係

前節已將道德知識的特質，畧畧說了一個大概，本節可再把道德知識與善惡的關係，畧說一說。

『善』和『惡』兩個名詞，本是由道德知識所論斷的結果。現在且從根本上立論，問一問我們判斷善惡的知識，究竟由何而來？我們何以能知道善惡？這種問題，在哲學上本來是佔極重要的地位。

我們可先把中國各學派論究道德知識的學說，簡略的敘述一下。

在我中國古代，有一派自然哲學，是根本反對知識的，可拿老子來做代表。老子說：『知道善是善的，就是不善的；知道美是美的，就是不美的。』此和舊約書中，作創世紀的人一種理想相同。以爲因吃知識之果，乃有善惡觀念發生；如是無知無識，也就無惡無善了。一方面出了一個聖人，自然他方面就要出了一個大盜，聖盜相懸，階級始分。所以老子說：『聖人不死，大盜不止。』」一方面有了衡量輕重多寡的器具，自然他方面就有了計較輕重多寡的爭議。爭議不已，紛亂以起。因此老子說：『破斗折衡而民不爭。』他是主張『無知』。以爲善固是由『知』而成，惡也是由『知』而起；知識愈增，罪惡愈大。認定知識與道德，是極相反的東西。要想把道德保存，就絕不容有知識的發展。如莊子馬蹄篇所說，尤爲痛切。此不獨老莊如此，凡是古代帶有自然哲學意味的人，皆含有這樣理想；就是到了近代，凡是愛自然的詩人，樂天或厭世派的學者，也還是具有此種心理。可是，這一派的主張，理想雖高，究嫌偏激。須知人類知識，本是逐漸發展的；善惡的發生，就是知識發展的結果。試問，人類有何方法，可以禁阻知識不去發展呢？這一種解決法，當然是不能成立。

孔子就不同於老子了。他是一方面注重道德知識，同時一方面又注重道德情感；並且不專以具有道德知識爲滿足。以爲要求道德的完成，必以情感爲淵源，爲基礎。他說：『吾未見好德如好色者也。』好色自然是情感上的作用了，可惜世上的人，皆不知好好訓練情感，以致所好非其正。好德又何嘗不是情感上的作用呢？如能好之得其道，自然可以易好色之心，轉而好德。可是，世人不是這個樣子，所以老夫子不免深致慨嘆。他又說：『知之者，不如好之者；好之者，不如樂之者。』這是顯然把『知』，『好』，『樂』，分出三種等級。『知之』固然不錯，但是還不如『好』，『好』還不如『樂』。他以爲人之有德，不僅僅要使他能知德，還要使他能好德，能樂德。好德樂德，皆是感情上的事，比較是最要緊不過。所以他重視禮樂，不重視法律；以爲能使身心受禮樂的薰陶，自可不知不覺去好善，去樂善。好善樂善，才是出於自然的眞善。這是儒家教育學說的主張，也就是孔子論知識與善惡關係的要點。他是明明白白的認定道德是不屬於知識而屬於情感。大概儒家皆是屬於這一派的多。後來大學講『誠意』，形容那做壞事的小人，見了好人，使起了一種羞惡之心，也是就情感方面說的。因此儒家極力主張情感訓練，以爲情感訓練到成功的地步，自然就有『如惡惡臭，如好好色』的情形。

墨子是講兼愛的，也是注重情感。他曾說過：『利，所得而喜也；惡，所得而惡也。』什麼是善，什麼是惡，可以拿喜惡來做衡量的標準。喜惡本是情感上的作用，所以墨子的主張，有一點和儒家相同。可是，他又說：『欲正，權利；惡正，權害。』欲的惡的，何以能得其正呢？當然不能盲目的去欲去惡；『欲』與『惡』，總不可不具有一種衡量的方法。因此乃主張以利害做衡量欲惡的標準。因爲『欲』甚，則『知』每爲其所掩，『惡』甚，則『情』必不得其平，此時不可不有權利權害的功能，來做指導。這是主張拿知識來訓練情欲，却是比儒家更進一步，較爲圓通了。

孟子雖屬儒家，但他論知識與善惡的關係，則未免有一點武斷。因爲他好辨，『我見』太深，以爲人之善，是先天有的，知道善的知能，也是先天有的。所以他主張『性善』，主張有『良知』，『良能』。他說：良知，是不學而知的知；良能，是不學而能的能。以爲『孩提之童，無不知愛其親，及其長也，無不知敬其兄。』這本來與普通經驗的事實，不相符合，如何能成立呢？平心而論，人性中的善根，不能說是沒有，可是，過於重視他，遂至說是非之心，也是由有生以俱來，就未免稍錯了。惻隱羞惡之心，本來是含着中性，發展以後，可好可壞；假定說先天已具有根蒂，這是可以的。至若是非之心，純由於判斷作用，本是由後天積聚若干經驗，始能發現，如何能說他生來就有呢？孟子研究心理學，未免太粗疏，他竟把性的範圍，說得太廣，幾乎視同理性的性一樣，自然是不對的。

到了後來中國性善性惡之說，不足以解決這種問題，恰好佛教入中國，也是好談『性』，如華嚴宗宗密的原人論，說：『人有一點佛性，最可寶貴，本來是人人皆有的；不但人人皆有，就是那有情感的動物，也未嘗沒有。這一點佛性，從最初以至現在，是昭然不滅的。但是，爲什麼不能人人皆成善人呢？這因爲有許多妄想，將一點佛性蔽住了，所以不能把他發見出來。凡是不能發現出佛性的人，便是爲愚爲惡，能發現出來的人，便是爲智爲善。（譯其大意）這種說法，後來很有影響。又有禪宗講『明心見性』，純用內功，也是承認最初有這一點善性在內。這兩派雖然不同，但論到道德知識的本源，是出於先天的性，却是相同的，而且影響於中國思想界皆不小。

後來宋儒受佛說的影響，却不肯用佛學的方法，自己從大學內找出一個方法出來。如講『明明德』，朱子便解作『虛靈不昧』；這是和佛說完全相同。至若問他怎樣能知道善惡呢？他便主張從『致知格物』下手。從北宋到南宋，皆是如此。當然是以程朱爲代表。此時所謂儒家，論究道德知識，已經和孔子不同。他是一方面受佛說的影響，重視『虛靈不昧』的佛性；一方面又尊重孟子一部書，採用『良知』之說，將良知與佛性，熔入一爐，於是遂把道德知識，認做先天的產物。可是，他們因爲十分講不過去，乃又換一個說法，說他是『因』，說他是『端』，比之如桃核，桃樹即含在核中，總算是借佛家的說法，來替孟子作辨護士了。

大程子之後，有陸象山王陽明，更是極端主張良知，講究內省的工夫。以爲天理存於內，不待外求，良知是本來固有的。這又和朱子『道問學』的工夫，有點不同。陽明視良知爲準則，爲明師，能知善，能知惡；以爲心的本體在此，天理也在此。所以他說：『良知是天理之昭明靈覺處。』這樣說法，實在是一點陷入『理障』。

古代學者當中，如荀子則是主張後天經驗，主張積學以成智。他的敘論道德知識，可說是屬於後天的經驗派。可是，從唐以後，一直到明清，凡屬儒家，論到道德知識；大致皆跳不出『良知』二字的範圍。如戴東原等的主張，雖與荀子相近，但也不肯明目張胆，主張道德知識由於後天經驗；不過所用工夫，主內主外，却大不相同。茲試表列如下：

程朱——格物，致知，居敬，窮理——主外功。

陸王——致良知，格物，正心——————主內功。

程朱的工夫雖不對，但是，他的根本方法却不錯。本來各種知識的發展——如社會的歷史的等知識的發展，皆可以回到道德知識上，拿來應用。所以比較起來，程朱一派，流弊尚少。至如陸王，弄得不好，便容易流於空虛。因爲僅做內功，則科學也就可以不要了。

就以上所述的各種說法，大類別之，可以區爲五大派：

(一)根本反對知識；以爲知識和道德是相反的東西，主張人類不應具有道德知識。——道家。

(二)重視超越知識的感情；認定道德不應僅以知識爲基礎，應以情感爲根據。——孔子。

(三)主張拿知識來訓練情感，以完成道德生活。——墨子。
(四)認定人類具有先天的良知良能。——孟子。
(五)雜入佛性之說，對於良知之說，主張甚力；因而認定道德知識是先天所固有。——唐宋明的儒家。

繼此，可再把西洋古代各學派論道德知識的學說，略引一些。至於『先天』和『經驗』兩大派的說法，則仍當讓之下節。

在西洋希臘『哲人時代』(前五世紀)，不認有公共善惡的標準，其中如普羅太哥拉司(Protagorcs)便有一句『人是萬物標準』的話。他們是認定知識和感覺是一樣東西；主張拿感覺來講知識。以爲教育功效，在於訓練感覺。如病時的感覺，只能說他不好，不能說他不對。我們應該提倡好的感覺，消滅不好的感覺。感覺訓練不到家，則絕沒有好知識。這樣講法，含有兩層意在內：㈠感覺是個人的；㈡可以教育訓練，使他向好的一方面去。

同時蘇革拉底(Socrates)，柏拉圖，亞里司多德一派，關於此問題，也很有些討論。就中尤以蘇革拉底所講的爲多，他是主張『共相』，主張不先從『個體』下手，以爲能考出公共的意義，眞正明白『共相』意義所在，這就是知識，這也就是道德。柏拉圖與蘇革拉底的主張，大致相同。至亞里司多德，則不以蘇氏『知識即道德』之言爲滿足。他以爲人品是由多方面（如意志，欲望，理性等）訓練而成，絕不是僅有一部分的知識，就可以完全人的習性。他提出『中道』二字，作道德的標準，以爲只要好習慣能養成功，自可合於『中道』，不必一定靠住知識，如是僅靠知識，也就無濟於事了。他是把道德看成『美學』一樣，此和孔子主張以禮樂陶冶的方法，大致相同。至『中道』二字，又與中國古代儒家所謂『中庸』相近了。

到了西洋中古時代，宗教勢力極盛，關於道德知識問題，幾乎無人注意。至近世宗教勢力漸衰，人多注重個人的良心，就拿良心來做道德的標準，遂將古代『教皇無不是』的威權，完全打破，完全拿良心來代替教權。但是，『良心與道德知識，有何關係呢？』的一個問題，仍未解決。

到了十六十七世紀以後，遂有英國和大陸兩大學派發生，於是對於道德知識問題，乃能作精密的討論，如『先天』（即理性派）和『經驗』兩派，論鋒相對，辨析極精，結果，對於哲學及倫理學的發展，關係皆很大。所以下文特立一節，專來論述。

第三節　道德知識的來源——『先天』和『經驗』兩派的概略及評論

人類本是理性動物，具有是非之見，可以從事於道德判斷。這類判斷，就他一個全系統上說，是道德的覺悟，即所謂『良心』。若就良心作用中所含一部分的理知上說，便是『道德知識』。道德知識，究竟是從何而來呢？此在上文，已略說過一點。在中國方面，如道家的老莊一派，是反對知識存在的。他雖然未說明知識的來源，但是，認定知識是後天經驗的產物，已可不言而喻。孔子是把『知』和『好』分開來的，照他所自述爲學求知修德的順序，是『十五志于學，三十而立，……七十而從心所欲，不踰矩。』可知道德知識，一定是由於後天積成的。孟子主張先天的良知良能，宋儒則雜入佛說，皆是認定道德知識，是隨有生以俱來，可稱爲極端的先天派。西洋古代學派，關於此點，論述不詳。惟如耶蘇教徒之說，玄學家之說，皆以人類理性，出於先天，此則和中國古籍所載『天生蒸民，有物有則，民之秉彝，好是懿德。(詩大雅)』的意思一樣。認定人心可以代表天心，以爲人類具有一種特殊知能，名爲『心都雷細斯(Syteresis or Synderesis)』，此則和中國宋儒所謂『性』，所謂『道』，所謂『理』一樣。現在要敘述西洋『先天』和『經驗』兩派，可以擇要說一個大概，然後再繼之以調和說及批評。

先述『先天派』各說　先天派各說中，可以分爲三種：

（一）先天派的理性說（The Rational Intuitionists）　如古代玄學家所謂人類有自然天賦的良能，可以令我們判斷善惡，無所凝滯；宗教家所謂人類有天賦的良知，可以教我們向善避惡，不稍違誤。這兩種已經是屬於先天派的理性說了。到了近世，復有最著者數家：（1）葛特渥斷（Cudworth），著書論永久不易的道德，謂知識是由靈魂或理性獨立動作所生的結果，良心是具有天賦知能，此種知能，是先天所大同，是帝旨所反映，是永久不易的眞理。（2）葛拉克（Clark），論自然宗教永久之義務，以爲萬物有同有異，或離或合，事所必至，理有固然。人事不能相同，猶物體不能齊一。人類品性行爲，能調劑適宜，實在是和幾何形數的乘除變化一樣。道德眞理，出於自然，也是和幾何眞理相同，所謂『出之於天，本之於身』者是。（3）噔德渥特（Colderwood），專論道德哲學，認定人類辨別是非的知識，是先天的，是直覺的，發端於我們心中，並不在我們心外。道德律是由直覺而得，無待證明。先天知識的最高作用，即在辨識道德律而不疑。這種辨識力，就是理性。所以道德的發端，是知識，不是感情；並以爲此種知識，附有無上威權。這皆是認定人類有一種先天知識，由理性發端，與經驗毫無關係。理性所以示人以道德的眞理，行爲的通式，如幾何學上的定理，是一個樣子。

（二）先天派的感覺說（The Emotion Intuitionists） 異於理性說的，乃又有『感覺』和『辨悟』兩說。彼等以爲我們是非之見，並非出於先天的理性，乃是不知不覺的，由於先天的感覺或辨悟而成。感覺說一派中，最重要的：

（1）如索非脫柏利（Shaftesbury），他是認定是非之心，人所同具，而此種辨別是非之知能，則在調和人類的『自愛』及『博愛』。因爲人類愛情有三種：一是『自愛』，二是『博愛』，三是『假愛』。自愛所及的是我；博愛所及，則爲一羣，是爲『眞愛』；『假愛』則於人己皆無關涉。道德作用，在於除滅『假愛』，調和『眞愛』及『自愛』。所謂是非之心——即道德心，即具有此種調和的功用。如我們猝然視察一種行爲，愛惡之情立見，是非之界顯然，這就是由於先天的感覺，並不假以人爲。（2）如黑謙孫（Hutcheson），他是認定人類道德心，有抑制『自愛』，伸張『博愛』的效能。『博愛』爲善，『自愛』爲惡，其辨別善惡，猶目之辨別黑白，不是由於利害關係，乃是由於道德意味。（3）如休謨（Hume），是認定人類辨別善惡的知能，不出於理性，而出於感情。我們所以能認識道理，是由於『覺』，而非由於『知』。凡是認明一種品格行爲的高尚或卑汚，皆是從感覺決定。這種感覺，是人類所同，出於先天。證以實例：如讀書而景仰古人，聞風而欣羨賢士，此皆是感情作用，當然與理性無涉。（4）還有盧梭（Rouseon），斯密亞丹（Adam Smith），海爾巴脫（Herbart），白郎太羅（Brentano），皆屬於這一派。彼等皆以爲人類愛知識，惡愚頑，此情實人人所同具。可知道德感情，皆是出於先天。

（三）先天派的辨悟說（The Perceptional Intuitionists）　此派認定良心是人類一種辨悟力，也就是所謂悟性。道德知識，既非出自先天的感情，也非出自先天的理性，實在是自然的悟性所表示。此派中最著的：（1）如蒲脫勒(Butler)，他承認人類良心上有一種超特的靈稟，既能辨別外部的動作及內部良心的思維，復能約束一身內外動靜諸端，而糾正行爲之正否。此種自然良能，實超越於百能之上，挾有無上威權，以司判決，指導，監督三種作用，令我們不能不由正道而行。道德律的全體，所以代表天命，也就是所以表示我們的先天的知識。（2）如馬鐵奴，則更承認人有悟官，能盡辨悟的職務，此種靈悟，既不是我們自己發明，也不是我們經驗所得，乃是先天所遺傳。

總之，凡屬先天派諸說，無論其爲理性，爲感覺，爲辨悟，他皆是承認道德知識，是由內而生，非自外而鑠。以爲我們所謂眞理，其來源不外三種：(1)是自然深入於吾心，(2)是由於超然的理性所發見，(3)是由於感覺所知，皆爲先天所賦予，絕不和後天的經驗有關。

再述『經驗』一派　這一派所主張，恰與前一派相反。他是認定人類判斷善惡的官能，非先天所賦予，所有道德知識，實與他種知識一樣，皆是由後天的經驗，積合而成。茲試述其較著數家。

(一)霍布士(Hobbes)　氏著人情論，以爲良心這樣東西，本來就是我們的學識或意見。平常我們依據良心，判斷善惡，苟對於事理有未明，即不敢盡情傾吐；可知所謂良心主張，也不過是我們的一種主觀意見。可是，這種意見，實爲一切眞理的起源，又不能謂其毫無價値。我們對於道德行爲，有所取捨，要必以利害爲準；趨利避害，人情之常，辨別善惡，即基於是。

道德哲學，是人類辨別善惡的學識，而善惡便是人類愛惡的別名。一個個人，或一個民族的氣質，習慣，以及思想，各有不同，因而所愛所惡，也不能一致。愛惡的見解各殊，則由於理性所表示的可否，不能一樣。

（二）洛克（Loke）氏所主張，與霍布士一樣。他以爲所受於先天的，不過是趨樂避苦的欲望；人的動作，不能外此欲望的規定。凡事物足以致福的，便是善，足以致禍的，便是惡。人類行爲，果能增進一羣的利益，則一己之利，自然也在其中。推闡這種道理，便是人類道德行爲的標準。這種標準，非人不能明，也非人不能定。既明既定以後，復藉賞罰作用，使這種標準，效力益著。這種賞罰的權能，初則畀之於神，繼乃賦之於天；神是具有完全的意志，天則出於自然；終乃歸之於人。在神則有神道，在天則有自然律，在人則有國家法制，社會輿論。我們所有是非之見，無非由權量各種標準而後定；合的，便叫他做善，違的，便叫他做惡。可是，人類知識，絕不能一樣，甲以爲是的，乙未必不以爲非；這是因爲各人所受的教育經驗，不是一樣，所以對於道德標準的服從，程度有差，而且態度也各異。可知同是良心，同屬於道德知識，而對於一種行爲，却不免或取或捨，對於一種行爲的批評，又不免或好或壞。這皆是我們所常見的事。

（三）邊沁　氏以爲人類一生，實爲苦樂兩大勢力所左右。良心之在於人，不過是佔一虛位。良心關乎一己行爲是非之見，所以認爲有價值的原故，則因爲和功利主義相表裏。依他的主張，是認定人類道德觀念，是最鈍不過的東西。人生最大的目的，實不外爲希求一己的幸福。人與人相交接，而有所謂規律；規律的精神，也不外避苦而就樂。所以苦樂的情感，實爲一切道德的本源。

以上所述各家，大都皆注重愛惡的情感，認定樂苦爲道德之本。可是，世人却也有不以苦樂爲前提，而仍可判斷道德問題的；如此，則又何從解釋解釋呢？於是乃又有哈脫來及白恩兩氏之說，以補其缺憾。

（四）哈脫來（Hartley）氏以意念連合的理論，證明道德觀念的生長，恰如一件機械。以爲人的生活，最初皆是受苦樂的規定，這是不錯的；繼而快樂的意念，與發生快樂的事物，互相連合，於是就樂其物而不顧其他。如嬰兒愛母，最初是愛母能予他以快樂，到了愛之既久，則只知母爲可愛，遂致忘其所以。人何以愛金錢？因爲他能購物以滿足我的欲望，不然，則金錢又有什麼可愛呢？人之愛道德，也是因爲道德能予我以滿足。道德觀念的養成，實在是由於愛力的發展，由於主觀欲望與客觀事物，互相連合的結果，絕不是先天已具的知識。

（五）白恩（Bain）氏更推演其說，以爲良心是內部對於外部所受約束的一種仿摹作用，絕非先天已具的道德知識。溯起他的生長之序，第一步，便是服從。因爲兒童知識未充，而感受苦樂之性極大，於是授以道德的教訓，用以養成服從的習慣。此時由心理上恐懼作用，執拗便與苦痛之念相連，乃知刑罰之可畏。此種對於苦痛的恐懼心，就是良心的起源，也就是道德知識的基本。待至稍長，漸能領悟一切規律的精神及原委；至壯，則對於一切禁例，更爲通曉；於是惕勵的心情，與省察的念慮，更倍於前，至此乃漸養成所謂理性及同情。由此看來，所謂良心的權威，道德知識的判斷，也不過表示人類的習慣，於苦樂兩途，知所趨避，此外還有什麼特殊的性質可說呢？

如上文所述兩派，一是認定道德知識，存於先天，所謂是非之見，生而即具，並不待乎外求，此可稱爲先天派，也可稱爲理性派（廣義的）。一是認定良心的發展，知識的進化，純由於後天的經驗，與先天了不相涉，此則稱爲經驗派。實則雙方皆趨於極端，只顧及一方面，未免是知其一而不知其二，見其偏而未見其全。

可是，近來極端相反的兩派，已漸有調和的趨勢了。一則由先天理性說，擴張其界限，居然能步入經驗派之門，願與之携手，此則可以取理性派的鉅子——康德來做一個代表人。一則發端於經驗主義，窮源盡委，居然能歸結到先天論，願與之結合，此則可取進化論派的中堅人物——斯賓塞爾（Spencer）來做一個代表人。

先述康德學說的大概　康德是重視理性，輕視經驗的。他以爲經驗所給我的知識，實在是極其微末；我們所得的同然或必然的基理，皆是先於經驗而非後於經驗。外界事物，接觸於五官以後，內部的感覺和靈悟，便能遵照時間空間或原委的式象，一一分配，以搆成觀念，而演爲理想。觀念是從感覺得來的，理想是從推理得來的。我們理性所命令，是不可移動，且具有權威。凡先天必然的知識，是理性作用，屬於理論的；先天當然的知識，是理性作用，屬於實踐的。康德的哲學根本原理，認定宇宙間有先天的道德律存在，我們一切行爲，實不能逾越其限；所以無論賢人，無論凡夫，所有見解，皆可納之於先天道德律中。其所以致此之故，實在是因爲我們心的內部，有先天的形式及品質存在，所以才能得有知識。我們對於特別的道德行爲，雖然不借助於先天知識，可是，在實踐理性中，却具有一種超然的靈悟。這就是『義務的範疇』。這種範疇，非發於經驗，實先經驗而成立，是一種規則，是一種公式，可以作爲普天下的公共模範。這正如中國古籍中，所謂『此心同，此理同』的話一樣。『己所不欲，勿施於人』，誠實所以爲善行，欺詐所以爲惡德，是因爲人人皆不願受人欺詐，人人皆願人待我以誠實。人類所以要誠實，所以要不欺詐，正因人人心中已知欺詐之不可行，誠實之可貴，絕無變例之可言，可以推諸四海而皆準，垂之百世而不惑；雖爲庸人，不能知其所以然，也可以行其所當然。這便是人類道德的公式。人類所以能爲倫理的動物，也就是在此一點。據此一點，便可以判斷人類一切行爲。至於道德具有必然之理，也是出於人類先天的靈智；這種靈智，便是我們的自由意志。依康德所說，謂人類先天具有理性，可以由推理作用，取得必然的知識，由實踐取得當然的知識；而道德上必然之理，則是出於自由意志。康德所說，大致如此。可是，就此說詳加考察，却不能不令人發生疑問。如所謂推理作用，是不是自由意志發展的結果呢？旣屬於自由意志發展的結果，則已經不能和經驗脫離，且完全與經驗相接近了。

再述斯賓塞爾學說的大概　斯賓塞爾是認定人類道德覺悟的特別狀况，是以情制情。他就人類進化次序，分出若干等級：第一級，由無定的約束，進而爲有定的約束。蓋最初人類，因求其生，往往肆其所欲，毫無顧忌；肆欲不已，因而有爭，爭之不已，又不能不各抑其情欲一部以安其生。斯時一羣之中，適有英武智力特出之人，可以爲羣衆平其爭，理其亂，於是一羣之人，畏其權力，服其智能，皆願聽其約束；至此乃有所謂酋長，乃有所謂政治。此等酋長，除恃智力感服羣衆外，又必假借神教以治民，於是乃有所謂宗教。此等政治的約束與宗教的約束的搆成，可認爲羣治演進的第一步。第二級，則由羣衆畏君畏神之故，進而有法律制度的制定，風俗習慣的成立。蓋酋長之權威既盛，能使民畏，能使民敬，酋長既死，而衆民的畏敬之念不衰，因愛其人，並愛其手澤，由此先王法典，遂成神聖不可侵犯之物。因之宗教約束的效力益著。久之，社會愈進，禁例愈繁，日積月累，遂成國典，苟有侵犯，社會詬病隨之；於是始有所謂輿論。至此遂到了第三級，乃有社會的約束。一人行爲，動關全體，是非判斷，聽於羣衆，至此乃又入了第四級，因此乃有道德的約束。道德約束，是始於政治，基於宗教，成於社會；這三樣，實在是道德律搆成的先導，也是道德知識產生的淵源。凡是認爲觸犯禁令之事，不是行爲表面的結果，乃是實際的結果，不是偶然的傾向，乃是自然的傾向。由懷刑之心，進而成懷德之心，由畏他人之責備，進而畏一己之責備，是非之見，人人皆能存之於心。這種結果，乃是由於若干年的經驗累積，始得構成。並且在此羣治演進的順序中，遺傳的作用，也是異常重要。因爲一個民族的演進，依據累世相承的經驗，一代一代遞嬗下來，精神作用，必有合度的變遷，初爲後天的經驗，繼則變爲先天的知能；這種知能，就是所謂良知良能。他是有潛滋暗長與時俱進的特質，而溯其根源，則又不外乎一種根本好善惡惡的情感。如斯賓塞爾所說，則又是由後天的經驗論，復入於先天的理性論了。

看一看康德和斯賓塞爾所說，則知『先天』和『經驗』兩派相接近相調和，其跡已顯然可見。

平心而論，所謂道德知識的起源，純謂之存自先天，固不可，純謂之由於後天，也不可。如極端先天派所說，謂人類生而具有道德的辨悟，固是絕無其事，即如主張先天道德的程式，不容忽視，亦大可懷疑。蓋彼等謂人類對於繁雜之事理，雖不免意見紛歧，但於道德基理，則意見必皆同一。如盜殺之事，無人而不知其爲惡，正直之行，無人而不知其爲善，因即以此爲先天道德知識存在的明證。可是，據社會學家實際所考驗，某某民族，以手刃其親，爲恪盡子職，某某民族，以獎勵兒童做賊爲最良敎育。中國從前某處，亦有溺殺女嬰的惡風。試問對於此等現象，又將如何加以解釋呢？即如兩國搆兵，殺人盈野，外交手腕，不厭欺詐，又豈能認爲道德的準則？可知彼等謂道德知識，存於先天的理性，其說實不可通。蓋所謂同一道德知識，所見已各不相同，更從何處說到統一的程式呢？今日開化之民，認定道德行爲上，有同一的標準，此本是文化演進的結果，絕不能遽認此爲先天良知存在的確證。須知各民族間，所以能認定同一道德的標準的原故，也不過因爲對於他們的生活外緣，比較相近一些罷了！

後天派經驗之說，比較的尙屬與實際情形相近。惟謂道德知識，純由於避害趨利的意念所發展，此則就人類發展，以溯其源，固無不可，但是，人是意識無限發展的動物，不能盡如其他動物，一依自然活動的傾向以進行。人類一方面具有自然活動，一方面還能識認自己活動，以捨生而取義。固然捨生取義，也是因爲比較利害，爲利大羣，不能不捨小己，但是，行爲到了如此地步，恐怕也就不能再專以生物學的道理來說明他了罷！

至於由經驗說，歸結到遺傳一點，此亦不能不認爲有相當的理由。本來人類是進化的；進化不只是生理一方面，還有心理一方面。比較起來，心理還重於生理。理性的發展，原屬後天之事，但是，根本上一點辨力，却是天所賦予。人不同於禽獸，在乎心，在乎心之能辨。此種辨力之根，大小明暗，人和獸却是截然不同。人之所以能使這一點辨力，發展而成理性，自然是進化的結果。文明之人，比較野蠻之人，聰明才力，發展不同，這就是因爲遺傳的不同。所以只就理性上說，不能認定是先天所已具，但就理性的根原——一點辨力——上說，却可認定是祖宗所遺傳，隨有生而俱至。由此一點辨力，最初是認識外物的顏色形式質量，繼而記憶着事的經過，再進則明白事的是非，再進則判斷出事的善惡；如是乃搆成所謂道德知識。愚妄之人，只能識物，不能識事，或只能記事，不能辨事；此固由於後天教育的不良，但是，先天理性之根的辨力要素，不能大爲發展，或也是一種主要原因。所以知力與遺傳，實在是有密切的關係。此種說法，似乎有成立的可能。於此更可以明白道德知識，原與其他知識一樣，皆是由根本的辨力發展，發展以後，凡是一切的知識，皆可供道德判斷的應用。

如是說來，則我們對於道德知識的來源，大致也就可以明白了。

第三章　屬於目的說的各種主義

前文既論定道德標準，是屬於目的說，而又將判斷道德時所用的道德知識，加以說明。現在自應將屬於目的說的各種主義，略爲叙述一番。

依照本編第一章所研究的結論，知道良心所示的道德判斷，必視爲『全體之我』的判斷，乃能得圓滿的解釋。所謂『全體之我』，並不是別的東西，乃是一切特別欲望統一的最高人格。蓋必對於一切欲望，加以判斷，始能明白『自我』的存在。所以『自我』的滿足，就是一切欲望調和的滿足。倘若一切欲求的滿足，和特別欲望的滿足，發生衝突，則特別欲望，只有自甘退步。所以人生目的，就是『自我』的滿足，或『自我』的實現；而道德判斷的標準，也就是本此目的以成立。

可是，這種目的的性質，存於『自我』，則『自我』之中，又必有兩種相異的原素。那兩種呢？就是一爲感情，一爲理性。此在前文，業經略略叙及。

理性在『自我』中，本是自動的原素，而感情在『自我』中，則是受動的原素。古代西洋的心理學家，早已發見及此，因此，在哲學史初期，便已有一種問題發生。什麼問題呢？就是『此兩種原素，何以能搆成「自我」呢？是否感情爲「自我」的根本原素，而理性僅是滿足感情的僕隸呢？是否理性爲「自我」的根本原素，而感情不過是浮於表面的結果呢？』哲學史所認爲倫理上的目的，當然是不出於此，必出於彼。如以『自我』爲感情之『我』，則所謂至善，必發爲一種感情的狀態；如以『自我』爲理性之『我』，則所謂目的，又必爲合理活動的一種形式。

主感情之說，便是『快樂主義』；主理性之說，便是『克己主義』。惟因思想學說的演進，社會組織的變遷，原始的主義，也未嘗無所遞嬗，無所出入。茲試叙其大凡，並加以評論如次。

第一節　快樂主義

依快樂主義者所主張，則謂人生目的，存於感情適合的狀態；所謂感情適合的狀態，是什麼呢？就是『快樂』。此派所說最簡單的形式，是認定人類行爲的價值，應和其所生快樂的分量爲比例。我們稱一種行爲，較他種行爲善，便是因爲此種行爲所生的快樂，比較他種行爲多；稱一種行爲，比較他種行爲惡，便是因爲所生的快樂，比較他種行爲少。

如此派所說，一切人類意志，只是爲一種動機而動；這種動機，就是快樂的欲望。故只就行爲的動機以言，似乎看不出什麼行爲善惡的區別；行爲所以有區別的原故，還是看他所生快樂的分量是怎樣。如性情放縱，不務正業的人，並不是因爲他追求自己的快樂，才說他是罪惡，實在是因爲他所選擇的動作，使他自己和家庭及社會所感受的苦痛，遠過於他所受暫時的快樂。又如好作妄言的人，在他自己，未嘗不能得到直接的快樂和利益，但是，因此長社會猜忌之風，則此等苦痛及不利，比起他個人所得的樂利，就相差甚遠，所以不能不認定他是惡。如此，可以說，世間所謂善行，就是予人以極小的苦痛，予人以極大的快樂；所謂惡行，就是予人以極小的快樂，予人以極大的苦痛。是以善惡之分，總當以快樂與苦痛的分量大小爲標準。

以上所說，是快樂主義的簡單大意。

快樂主義，在西洋哲學史的初期，已經出現。蘇革拉底既卒，他的門徒，各從其師一說，用以搆成種種人生觀；就中如什列奈克(Cyrenaics)一派，便是始倡快樂說的中堅。此派以快樂爲人生目的，但其所主張的快樂，僅屬於暫時的，實際就是自己的放肆，故其說毫無可取。到了希臘末期，有伊壁鳩魯出來，才把他的主義，大加改良。(一)使此說和當初物理學上的『原子論』相連絡，(二)補之以感覺論的心理學，(三)以社會的及知力的快樂，加入於快樂概念中；至此快樂主義，才大大不同於曩昔。近世復唱快樂主義的，爲英國學派，此一派所主張，却又與古代的學說稍異：(一)則於心理學及哲學上，更求其安全的基礎，(二)則對於快樂的概念，更取反省的態度，(三)以此說爲啓蒙期，社會政治改革論的出發點。如洛克，休謨，亞丹斯密，邊沁，彌爾，皆是此派中的重要人物。

以上所說，是快樂主義發展的大概。

茲再就近世快樂說中所應討論的問題，提出三點，先行敘述一下。

第一，近世學者，認『道德制裁』，爲快樂論中的特質，究竟所謂『道德制裁』的價值，是怎麼呢？

依僕爾海特說，人類行爲的制裁，可以分爲五種；而道德的制裁，則成立在後。那五種呢？(1)『自然的制裁』：如肉欲過度，使身體上感受痛苦，即由於不注意於自然律而起。(2)『政治的制裁』：如法律對於惡行的懲罰，政治對於善行的獎勵。(3)『社會的制裁』：如因受社會之尊敬或感謝而得快樂，因受不名譽的批評而感痛苦，雖爲法律之力所不及，而精神的懲罰自在。(4)『宗教的制裁』：如認定死後有賞罰的存在。(5)則爲『道德的制裁』：就是良心對於善行的讚賞，對於惡行的恨悔；因讚賞而得快樂，因恨悔而得痛苦。

既認道德制裁，爲近世快樂論中的特質，則我們進而研究此種特質的價值，遂不免發見出『道德的制裁』一語，其中含有自相矛盾之意。因爲我們的行爲，果由顧慮此等制裁而出，則已不能稱爲眞正的道德。此種道德，所以不能爲眞正道德之故，就是因爲他僅具外面的道德形式，和內面的道德實質無關。所以就表面上看，此種行爲，雖似和善行無所區別，而實際則絕不能稱爲善行。柏拉圖曾經說過：『如是人欲享節制的快樂，而所謂節制之德，實即從不節制的理由而出。』這句話的道理，如果不錯，則推而廣之，凡是由懼卑怯的結果而成勇敢，則此種勇敢，便可爲卑怯的一種。況且就道德的制裁以言，則凡良心所感覺的快樂或苦痛，必定認爲道德的動機。此種推論，却也有幾分可靠。何以呢？因爲此等快樂，是由於良心的讚美，而良心的讚美，正因其行爲和自己的興味無關，也就是因爲不以自己的快樂，做行爲的動機。所以若認定由此種讚美所生的快樂，說是善行的動機，便無異乎表示此種動機，實不足以值得讚美。如此說來，則道德的制裁，在快樂論中的價値，也就可想而知了。

第二，『快樂』一語，是否能包括快樂主義的完全意義呢？

我們若就『快樂』一語的語義，加以研究，則知對於此種主義的內容，性質和範圍，亦復大有出入。在英語中，通常所謂快樂一語，率以『Pleasure』一字表之，除此以外，復有所謂『Happiness』，此則可用國語『福祉』一語譯之。這兩種語義，在西洋最初講快樂主義的人，往往不加區別，以爲『快樂』與『福祉』，詞異而意同，即使認爲有區別，亦僅僅說福祉是快樂的高尙狀態，所謂程度不同，並非根本逈異。其實此兩語的性質，是大相逕庭，萬不容稍涉含混。何以呢？因爲此二種的區別之點，是在實現『自我』的性質不同，並不在感情上的分量相異。所謂快樂，乃是特別欲望旣滿足時所隨起的感情，而所謂福祉，則是全體之我滿足時所生的感情，二者斷斷不能一體看待。所以對於『善』的一語，如是僅用『快樂』一語表之，嚴格說起來，殊欠妥洽；若是以『福祉』一語表之，比較的非難尙少。蓋二者雖皆以善爲適合的感情，可是，福祉說已覺得優於快樂說許多。其所以然的道理，就是因爲福祉不以『特別快樂之和』爲至善，而以『全體之我的快樂』爲至善。

用福祉說來修正快樂說，則於快樂主義的內容，已經大大不同了。還有比較福祉說更圓滿的，有如喀拉爾(Corlyle)的『光榮說』。光榮一詞，在英語爲『Plessedness』，其意旣較普通快樂說深廣，且較福祉說完備。蓋謂我們用現在的調和，殉將來眞正調和時的快樂，便是光榮。換句話說，就是以目前靜止之『我』，殉未來進步之『我』時的快樂。如此，便把快樂主義，推廣得更大更深了。從前所謂單純的快樂說，其快樂的範圍，只在特別之『我』；迨易以福祉說，則已經改爲全體之『我』，把快樂的內容擴大了；至再易以光榮說，則更比福祉說擴大，是不僅注重在積極一方面，並且兼注重到消極一方面，含有『犧牲』的意義在內了。是以雖同屬一種快樂主義，因用語的不同，而所謂快樂的內容，性質，範圍，已復不能相混。此層似不可不加以詳辨。

第三，快樂主義所謂快樂，我們要加以區別，是否僅從他的分量上著眼呢？還是要從他的性質上著眼呢？

有的人說，快樂僅由大小而異，我們批評行爲的價値，僅計算他所生快樂的大小，就夠了。有的人說，快樂應由性質高下而異，我們批評行爲的價値，要看他所生快樂的性質，究竟是怎樣。此兩說的爭議，應該依據心理學來解決他。照心理學所判定，凡是一種感情，其性質絕不與其他感情相異，惟由其所連結的對象，性質不同，而後才可以道德的屬性加之。是以我們必先有『知識爲善，高於財產』的假定，而後才能斷定『得知識的快樂，高於得財產的快樂。』—但是，如一般快樂論者所主張，是必由知識所生之快樂，大於得財產之快樂，而後才能斷定知識爲更高之善。是彼等把對象性質的區別，認作所生感情分量的區別，當然不甚十分妥洽。須知快樂相異，實在是不僅在他的分量，並且在他的性質。是以補苴快樂說的人，往往以『高下』的新標準，易『大小』的舊標準。因此看行爲的主體，不但是感情的『我』，而我於快樂外，尙有更高的目的。就是在快樂惟一的標準——大小標準——外，認定更有其他的標準。如此，則舊有快樂的主義的立脚地，也就不攻自破了。

在快樂派中之健將——邊沁，曾經創出七種計算快樂分量的方法：(1)強度，(2)久暫，(3)遠近，(4)確否，(5)純粹與否，(6)效果大小，(7)範圍如何。

前四種，意義易明。至於所謂『純粹』一語，並非指道德的價值，是問明此種快樂，是否有苦痛的性質，如不含苦性，便是純粹的快樂。比如智力的快樂，優於肉體的快樂，就是因前者無繼起的苦痛，而後者則否。效果之意，則是問由此一種快樂，能否再生其他快樂。如守規律之人，既可得良心讚美之樂，又可以著將來的信用，可以受社會的歡迎。這便是效果大的好例。如此主張，是純粹根據感情以施計算，所計算的，皆是屬於分量，而不屬於性質。到了後來，便有人替他修正，漸漸趨向到快樂性質一方面去了。

觀於以上所述的三個問題的發生及其解決，則於快樂主義的變遷，已可知其大概。至他對於判斷道德的價值，是怎樣，還要待下文繼續論列，始可了解。

繼此，所應叙述的，就是快樂主義的兩種形式。

快樂論既以快樂爲人生自的，那末，所謂快樂，究竟是何人的快樂呢？因有這一個疑問，於是近世快樂主義，爲解答此問題，乃分成兩種見解。蓋就人生目的以言，皆是以追求自己所視爲最大的快樂爲極則；至問及這種快樂，究屬何人，就不能不裂爲兩派：(甲)一派以爲快樂應歸於自己的個人。這便是『個人的』或『利己的』快樂主義。(乙)又一派則主張與前此相反。以爲快樂須兼計及他人。此則爲『利他的』或『普徧的』快樂主義。

在西洋古代什列奈克學派，重視肉體的快樂，輕視精神的快樂。以爲人所最惡之事，莫如勞苦；人所最好之事，莫如快樂。快樂須在本身，在物質。此可稱爲『極端的利己的快樂主義』。即如隷屬此派的提渥都勒(Theodorus)，主張人心宜常存樂觀之念，謹言愼行，即所用以招福而免禍，說雖異於什列奈克，但仍復注重個人。又與樂觀主義相反之黑其亞(Hegesias)，認定世界無全福之可言。以爲所謂至善，也不過是幸免苦難；只有不以求樂爲念」，而樂或在於其中。這也是專就個人著想。

至近世邊沁，可算能廣大快樂派的學說，較之洛克，休謨，柏來諸人，尤爲詳博。彼所主張的快樂，是以團體幸福的增減，爲道德判斷的標準。貌視之，似與個人的利己主義不相類，可是，他的理論上的根據，仍是偏重個人。以爲我們所以能優爲而不厭，惟在追求自己個人的快樂。合多數個人的快樂，便可以成團體的快樂。這是和霍布司所說『人本自私，去私所以爲自保』的話一樣。故仍當稱他爲『個人的快樂主義』，或『利己的快樂主義』。

邊沁之後，有彌爾，便能補其偏，救其弊。一方面注重快樂的性質，其計較快樂，須以品質的高下爲準；一方面又注重社會，其計較快樂，須以社會的同情爲本。其意以爲我們所欲求的，完全是快樂之事，快樂的總和，便是福祉。世間惟福祉爲可羡，亦惟福祉爲善。凡事物可羡與否，就看世人對於事物是否希望而定，此外更無其他的根據。最多大數的最大幸福，實爲最可美的目的。各人的福祉，在各人爲善，故一般福祉，也在衆人所集合而成的團體爲善。由產出一般福祉的傾向，即可測定行爲品性及動機之優良。此乃是道德上惟一的標準。所以行爲的目的，不在追求一己的快樂，而在力謀發展公共的福祉。彌爾之說，與邊沁所主張的根據，絕對不同；他是注重社會，不是注重個人。因此特稱之爲『普遍的快樂主義』或『利他的快樂主義』。

比較起來，自然是普徧的快樂主義，優於個人的快樂主義；但是，普偏的快樂主義，是否無矛盾之處，是否即可以爲道德判斷的標準，殊不敢說。此在前文，既已略爲申辨，待到下文，仍當再加詳論。

現在再看一看我們中國古代學說中，是否也有此種快樂主義呢？比附起來，則楊朱一派，可以算是極端個人的利己的快樂說。今試先就列子楊朱篇、引楊子的學說於下，用備參考。

楊朱曰：百年，壽之大齊；得百年者，千無一焉。設有一者，孩提以逮昏老，幾居其半矣；夜眠之所弭，晝覺之所遺，又幾居其半矣；疾痛哀苦，亡失憂懼，又幾居其半矣。數十年之中，逌然而自得，亡介然之慮者，亦亡一時之中爾！則人之生也，奚爲哉？奚樂哉？爲美厚爾，爲聲色爾，而美厚復不可常厭足，聲色不可常翫聞。乃復爲刑賞之所禁勸，名法之所進退。遑遑爾，競一世之虛譽，規死後之餘榮；偊偊爾，慎耳目之觀聽，惜身意之是非。徒失當年之至樂，不能自肆於一時。重囚纍梏，何以異哉？太古之人，知生之暫來，死之暫往；故從心而動，不違自然所從，當身之娛，非所生也；故不爲名所動，從性而遊，不逆萬物所好，死後之名，非所取也；故不爲刑所及，名譽先後，年命多少，非所重也。

楊朱曰：萬物所異者，生也；所同者，死也。生則有賢愚貴賤，是所異也；死則有腐臭消滅，是所同也。雖然，賢愚貴賤，非所能也；臭腐消滅，亦非所能也。故生非所生，死非所死，賢非所賢，愚非所愚，貴非所貴，賤非所賤。然而萬物齊生齊死，齊賢齊愚，齊貴齊賤，十年亦死，百年亦死，仁聖亦死，凶惡亦死。生則堯舜，死則腐骨；生則桀紂，死則腐骨。腐骨一矣，孰知其異？且趣當生，奚遑死後？

楊朱曰：伯成子高，不以一毫利物，舍國而隱耕。大禹不以一身自利，一體偏枯。古之人，損一毫，利天下，不與也。人人不損一毫，人人不利天下，天下治矣。

禽子問楊朱曰：去子體之一毛，以濟一世，汝爲之乎？楊子曰：世固非一毛之所濟。禽子曰：假濟，爲之乎？楊子弗應。禽子出語孟孫陽。孟孫陽曰：子不達夫子之心，吾請言之：有侵若肌膚，獲萬金者，若爲之乎？曰：爲之。孟孫陽曰：有斷若一節，得一國，子爲之乎？禽子默然。有間，孟孫陽曰：一毛微於肌膚，肌膚微於一節，省矣；然則積一毛以成肌膚，積肌膚以成一節，一毛固一體萬分中之一物，奈何輕之乎？禽子曰：吾不能所以答子。然則以子之言，問老聃，關尹，則子言當矣；以吾之言，問大禹，墨翟，則吾言當矣。

楊朱曰：豐屋美服，厚味姣色，有此四者，何求於外？有此而求外者，無厭之性。無厭之性，陰陽之蠹也。忠不足以安居，適足以危身；義不足以利物，適足以害生。安上不由於忠，而忠應滅焉；利物不由於義，而義應絕焉。君臣皆安，物我兼利，古之道也。

鬻子曰：去名者無憂；老子曰：名者實之賓；而悠悠者趨名不已。名固不可去，名固不可賓耶？今有名則尊榮，亡名則卑辱。尊榮則逸樂，卑辱則憂苦。憂苦，犯性者也；逸樂，順性者也；斯實之可係矣。名胡可去？名胡可賓？但惡夫守名而累實。守名而累實，將恤危亡之不救，豈徒逸樂憂苦之間哉？

楊子是本着悲觀的心理，推衍自然主義；以適性順心，爲人之達道。以爲爲人只當求實利，不必計名義；甚至假名義以得實利，也不妨去做。所以說：『有名則尊榮，亡名則卑辱。』尊榮便得逸樂，卑辱便得勞苦。此則較之老莊學說，更覺變本加厲了。楊子所謂『實』，就是指『利』而言。他是主張求現世物質的享樂，做人生的目的。既與西洋古代什列奈克派相類，就是和邊沁所主張的自然主義，以爲求樂利出於人類心性的本然，亦復極其符合。可是，這一派的學說，畢竟和人類道德觀念的進化，不能相容，所以後來也就一蹶不振，幾幾乎中外同揆了。

再說普偏的快樂主義，在中國古代學說中，有沒有和西洋學說可以相比的呢？在儒家本來是講仁義，不講功利的。所以孔子說：『君子喻於義，小人喻於利。』論語記述孔子，也有『子罕言利』的說法。孟子發皇儒學，游說諸侯，更是高高掛起一面仁義的大招牌，滿口是與仁去利。可是，他們若講到政治一方面去，却也有離不掉功利的地方。孔子既有『足食足兵』的主張，又有『庶』『富』『教』順序而施的說法。孟子講王道，必使老者衣帛食肉，黎民不飢不寒；且謂『富歲子弟多賴，凶歲子弟多暴。』試問，何嘗不是以樂利爲歸呢？至於和自然主義接近的法家，如管子，如商鞅，更是注意於道德和生計的關係，力求大多數的秩序安寧，生計充足。以爲禮讓廉恥的養成，必由於衣食倉廩。凡此皆可說與西洋的普徧的功利主義相近。後世注重實際功利的政治家，如宋的王安石一派，注重講究經濟的學者，如宋儒中浙江一派，又清儒顏習齋戴東原一派，皆可說有幾分相類。至若講到極端利他的功利派，當然就要數到晚周時的墨翟了。墨子之學，出於夏禹；禹便是以己饑己溺爲心，日以救人爲事。以爲能愛人，能救人，便是人生最大的目的，最大的快樂。現在也可節引墨子中兼愛非攻天志三篇的文章在下面，以備參考。

聖人以治天下爲事者也，不可不察亂之所自起。當察亂何自起？起不相愛。臣子之不孝君父，所謂亂也。子自愛，不愛父，故虧父而自利。弟自愛，不愛兄，故虧兄而自利。臣自愛，不愛君，故虧君而自利。此所謂亂也。雖父之不慈子，兄之不慈弟，君之不慈臣，此亦天下之所謂亂也。父自愛也，不愛子，故虧子而自利。兄自愛也，不愛弟，故虧弟而自利。君自愛也，不愛臣，故虧臣而自利。是何也？皆起不相愛。雖至天下之爲盜賊亦然。盜愛其室，不愛其異室，故竊異室以利其室。賊愛其身，不愛其人，故賊人以利其身。此何也？皆起不相愛。雖至大夫之相亂家，諸侯之相攻國者，亦然。大夫各愛其家，不愛異家，故亂異家以利其家。諸侯各愛其國，不愛異國，故攻異國以利其國。天下之亂物，具此而已矣。察此何自起？皆起不相愛。若使天下兼相愛，愛人若愛其身，猶有不孝者乎？視父兄與君若其身，惡施不孝？猶有不慈者乎？視弟子與臣若其身，惡施不慈？故不孝不慈亡有。猶有盜賊乎？視人之室，若其室，誰竊？視人之身若其身，誰賊？故盜賊亡有。猶有大夫之相亂家，諸侯之相攻國者乎？視人家若其家，誰亂？視人國若其國，誰攻？故大夫之相亂家，諸侯之相攻國者，亡有。若使天下兼相愛，國與國不相攻，家與家不相亂，盜賊亡有，君臣父子皆能孝慈，若此則天下治。（節錄兼愛上）

今有一人，入人園圃，竊其桃李，衆聞則非之；上爲政者得則罰之。此何也？以虧人自利也。至攘人犬豕雞豚者，其不義，又甚入人園圃竊桃李。是何故也？以虧人愈多，其不義茲甚，罪益厚。至入人欄廄，取人馬牛者，其不仁義，又甚攘人犬豕雞豚。此何故也？以其虧人愈多。苟虧人愈多，其不仁茲甚，罪益厚。至殺不辜人也，扡其衣裘，取戈劍者，其不義，又甚入人欄廄，取人馬牛。此何故也？以其虧人愈多。苟虧人愈多，其不仁茲甚，罪益厚。當此天下之君子，皆知而非之，謂之不義。今至大爲攻國，則弗知非，從而譽之謂之義。此可謂知義與不義之別乎？殺一人謂之不義，必有一死罪矣；若以此說往，殺十人，十重不義，必有十死罪矣；殺百人，百重不義，必有百死罪矣。當此天下之君子，皆知而非之，謂之不義。今至大爲不義攻國，則弗知非，從而譽之謂之義，情不知其不義也，故書其言以遺後世。若知其不義也，夫奚說書其不義以遺後世哉？（節錄非攻上）

今夫天兼天下而愛之，撽遂萬物而利之，若豪之末，非天之所爲，而民得而利之，則可謂否（否亦當作后讀爲厚）矣。……且吾所以知天愛民之厚者，不止此而足矣。曰：殺不辜者，天予不祥。不辜者，誰也？曰：人也。予之不祥者，誰也？曰：天也。若天不愛民之厚，夫胡說人殺不辜，而天予不祥哉？此吾之所以知天之愛民之厚也。（節錄天志中）

今天下之士君子之欲爲義者，則不可不順天之意矣。曰：順天之意何若？曰：兼愛天下之人。何以知兼愛天下之人也？以兼而食之也。何以知其兼而食之也？自古及今，無有遠靈孤夷之國，皆犓豢其牛羊犬彘，絜爲粢盛酒醴，以敬祭祀上帝山川鬼神。以此知兼而食之也。苟兼而食焉，必兼而愛之。譬之若楚越之君：今是楚王食於楚之四境之內，故愛楚之人；越王食於越，故愛越之人。今天兼天下而食焉，我以此知其兼愛天下之人也。且天之愛百姓也，不盡物而止矣。今天下之國，粒食之民，殺一不辜者，必有一不祥。曰：誰殺不辜？曰：人也。孰予之不祥？曰：天也。若天之中實不愛此民也，何故而人有殺不辜而天予之不祥哉？（節錄天志下）

墨子是以義爲利的。以爲天下之人，能交相利，就可以達到人生最大目的。當然可以稱他爲『極端的利他的快樂主義』。

前文既將中西快樂主義的學說，說了一個大概，現在可再就快樂說，略加批評。

在前文提出關於快樂說所應討論的三個問題，己將快樂說不滿之點，略爲指出；茲再分列六條，述之如下。

第一，『福善一致說』的謬誤　快樂派，動謂『福人就是善人』，其意以爲人所享福的分量最多，就是他具有善的價値最大。福的享受，從何表現？表現於快樂。可是，這種理論，按之實際，實在是異常謬誤。若謂世間人類，享福就是行善，換言之，就是福善一致，如通常所說『爲善最樂』，又說『善者福之基』，固然是有的。但是，善人未必即能得福利，未必即能得快樂，這也是我們常常看見的。反過來說，惡人所享的福利最多，所得的快樂最多，又何嘗沒有呢？司馬遷作伯夷列傳，中有一段說：『若伯夷叔齊，可謂善人者非耶？積仁絜行，如此而餓死；且七十子之徒，仲尼獨薦顏淵爲好學，然回也屢空，糟糠不厭，而卒早夭，……盜跖日殺不辜，肝人之肉，暴戾恣睢，聚黨數千人，橫行天下，竟以壽終，是遵何德哉？……若至近世，操行不軌，專犯忌諱，而終身逸樂，富貴累世不絕；或擇死而蹈之，時然後出言，行不由徑，非公正不發憤，而遇禍災者，不可勝數也。……」子長慨善禍之相悖，疑天道之無知，固不免語多憤激，可是，如他所舉的例子，在我們眼前看見的，也就不算少了。凡是奪人之財，害人之命，以圖一己的快樂，在一己何嘗不是自以爲福呢？即在他人視之，又何嘗不以爲樂呢？若果如快樂派所說，豈不是就要承認這一種作惡多端的人，做善人了麼？又如所謂仁人君子，往往終日勞苦，與憂患爲鄰，既無物質的享樂，而又備受精神的苦痛；甚且妻離子散，身膏斧鑕，骨委荒邱，經過數十百年，其沉冤猶未一白。其苦如此，非福可知。無樂無福，豈不是就要說他是惡人了麼？所以如快樂派『福善一致』的主張，實在是不通之論。若謂仁人君子，獨行其志，甘心欲爲困苦之人，不願爲快樂之猪，所以履萬苦而不辭，蹈九死而無悔，自以爲苦之所在，即樂之所在，如顏淵之居陋巷，簞食瓢飲，不改其樂，則其所享之樂，專在精神，享樂的觀念，專在主觀，就是客觀雖視我爲苦，而我之主觀，則仍以爲樂，客觀雖視我爲禍，而我之主觀，則仍以爲福。如此，則福與善，又何嘗不能一致呢？可是，果照這樣立說，則快樂主義已經失去了他的立脚地，萬不能再從快樂上面求出善的根據了。何以呢？因爲快樂派立說，是重在客觀，而非重在主觀，是重在功利的效果，而非重在克己的工夫。這種界限，又如何能相混呢？

第二，快樂與節欲相矛盾　如快樂派之說，則謂人類善行，應以求得最大快樂爲目的。果如是，則世間萬物，凡足以供吾之行樂，皆當加以欲求了。可是，物質有限，而欲望無窮，以有限之物質，當然不能濟無限之欲望；甚至欲而不得，求而不遂，自必繼之以失望，而苦痛即由之以起。於是主張快樂論的人，乃又創爲『節欲說』，以濟其窮。如埃畢苟拉司（Epicurus）所說：『我有麵包和水，則爲樂即不減天帝。』此殆和中國學者所謂『自得其樂』，同是一個樣子。但是，這也就很難說了。無論如顏淵原憲的修養，不能望之於一般常人，即使能養成如此高尙的道德力，又豈是以物欲功利爲鵠的學說，所可企及？況且由節欲之說，再進一步，勢必至於寡欲；由寡欲之說，再進一步，勢必至於絕欲。到了寡欲絕欲的境地，根本上已和快樂主義不能相容。試問，世間初以求樂爲目的之人，終乃至於一物不求，不惟對於金錢名譽，不關於心，即對於康寧，疾病，生死，亦不措意，甘心與死木槁灰，同其形態，尙復有何快樂之可言？

第三，快樂與庸德不相容　如主張極端快樂主義的楊子，視世俗庸德爲無足輕重，其不足以指導社會，認作行爲的標準，自不待言了。就是如邊泌所主張，承認庸德的價值，以爲節儉勤勉等，皆與各個人的私利，有密切關係；荒淫游惰的結果，不惟受社會指摘，且以一時的快樂，貽終身的大害，亦復爲快樂所大忌。粗粗看起來，似乎亦很圓滿，可是，按之實際，則多不可通。本來快樂與庸德相符，自然也是常有的事，但是，絕非人人皆如此，事事皆如此，甚且如荒淫游惰之習，在甲足以致不幸，在乙或反因之得康樂，也不能說絕對沒有。又如有一人既饒資財，復據權要，更有強壯的身體，無窮的欲望，野心勃勃，日以勝人爲能，而其行爲的目的，則専在求一己的快樂，此外無復顧忌。如此，在君主之世，權臣便可以肆篡奪之行，在民主之世，總統便可以作帝王之想了。此猶是就權勢一方面非常之事而言。如是縱其耳目之好，口腹之欲，則流於荒淫游惰，爲勢更屬容易。這又如何解釋呢？

第四，快樂與最大多數最大福利不能一致　快樂派，以得最大多數最大福利爲惟一不二之信條，可是，最大多數最大福利，是否即能與快樂一致，殊不敢說。其一，福利的分配，異常困難：照常理說，人數增加，福利之量，亦隨之增加，『所謂衆擎易舉，專力難成』，人數增加以後，事業易興，物質上的供給，自然可以饒益；但是，其中也未嘗無一定限度。蓋人之生也無已，而物之給也有窮。物質供給之量，到了一定限度以後，未必即能應人數之增，亦與之俱增。若此時以各個人所得爲標準，則物質分配於少數，必較分配於多數爲多，是人數愈多，則各人所得之量愈少，所謂最大多數與最大福利，必不能永久並行。到了不能並行，分配上自然就要發生困難。在邊沁曾有分配應以平均爲主的主張，就是不論何人，皆當視爲團體的一分子，認定人人皆應享得利益；可是，各人對於快樂的感受性，有大有小，未必即能一致，自然他的產生快樂的能力，有強有弱，也未必眞能劃一。如快樂派所說，『不問享受爲何人，而樂之大量，常優於小量。』是以感受性及生產力的大小強弱爲標準，認定所給福利之量，應該有多有少；並且專顧感受性及生產力強而大的一方面，而於弱而小的一方面，則置之不問。如此持論，如何能算公允呢？其二，一意求利，易啓爭端：快樂派常說：『求小樂不如求大樂』；又說：『惟各個人能感快樂，能求快樂。』可是，世間甚美之物，足以與人以最大快樂的，可以說，絕不能多見。如有一物，甲欲求之以得快樂，以得福利，乙也欲求之以得快樂，以得福利，推而至於丙丁……等，無不具有同一的心理。此時物只一件，而欲求之人無窮，物既不能分割，而欲者仍復求之無已，結果，遂不能不出於爭，爭而勝，固可以得福利，享快樂，爭而不勝，轉不免感痛苦，受損失。試問，此時如何能得最大多數最大福利呢？如謂不可分割之物，有可以供衆樂的，也有不可以供衆樂的，不可以供衆樂之物，既不容授之於人，以背最大多數最大福利之旨，則可取而毀之，如此，則衆福衆樂之量，豈不是更因此而更受損失麼？試問，此種困難，又將如何解除呢？

第五，『求樂貴大』之說，不免自陷於矛盾　『求樂貴大』一語，也是快樂派所認爲金科玉律，不可變易的。可是，就主張利己的快樂主義以言，凡是一己所認爲最大的快樂，未必就是最大福利，無已，惟有拿『各人所欲的快樂』一語來解釋，乃能得其貫通，因而遂有『利他的快樂主義』，代之以與，至主張『捨己之欲以殉人之欲』。此是因爲他人所欲的快樂大，一己所欲的快樂小，捨小就大，其勢不得不然。然而即此以觀，已覺不能自圓其說。蓋他人欲望較大時，我固可以捨其所欲以從人，倘若我之欲望，更大於人，人豈不是又應該捨其所欲以從我麼？果如是，則我們所當務的，初不必見他們所欲之大而從之，但當求己之所欲，更大於他人所欲，使人俯而就我，豈不比捨己從人，更爲直截？又何必再去競言利他呢？利他不可通，又復專來利己，於是人人自求得一最大快樂，勢必至專顧一己之私，自然也就無所謂互助，無所謂犧牲。到了如此境地，自不免發生利害衝突，甚至演成弱肉強食的慘劇，尙復有何道德之可言？可知只就『樂貴求大』的一種原則以立論，則無論利己利他兩種主義，皆不能自圓其說，勢必至陷於矛盾而後已。

第六，快樂說不合於人類進化的原理　人類所以能進步，大都皆以勞力得之。就個人言，好學深思之士，罄畢生之精力，以從事於學問，不惟物質上的快樂，多所犧牲，即精神方面，亦時感非常苦痛。就社會言，一切制度的更張，文物的發展，皆是合多數人的勞力，經年累月，而後得以有成。以文明人與野蠻人較，文明人所享的快樂，究竟比野蠻人多了若干，其分量也很難說定。在文明社會，身居高位，坐擁鉅資，車馬宮室，權勢炫赫，所享快樂之量，自然是極其豐饒，比之野蠻社會，不知高出十百千倍。可是，文明社會中的貧民，饑不得食，寒不得衣，其困苦情形，恐怕比起野蠻民族，也要增加十百千倍。若如快樂派所主張，人人皆應享受樂利，甚且以人人求樂爲目的，或一轉而成『均富』之論，此是必然之勢。不知富貧不均，因而演成社會慘狀，必設法使富者不至縱欲無度，貧者亦能有以自立，得自遂其生存，共享其利益；如此說法，無論何人，皆不能加以反對。可是，若認定人生是純以求快樂爲原則，並依此原則，用以爲均富的根本理由，則危險殊大。何以呢？人苟無奮鬪困難的精神，一味以求樂爲主旨，則有餘力的，便可以力求軌外競進，能力弱的，也可以藉口享樂，不加奮勉。試問，如此社會，如此民族，尙復有何進化的希望？我們人類所以有今日之種種文化，可以說，無一件不是由奮鬪困難而來；況且文明愈增進，而困難之阻在我們前面的，亦愈多。困難本與苦痛爲緣，人類忍苦痛以戰困難，乃是惟一天職，惟一本能。人文所以能發展，就是看這一點天職，盡的怎樣，看這一點本能，發揮的怎樣。若說忍苦痛，就是爲着求快樂，戰困難，也是爲着求快樂，固然也沒有什麼不可，可是，快樂之得，還是要在忍受苦痛，戰勝困難以後。忍受和戰勝的工夫，實在是先快樂而存在。若謂只求快樂，便可以得着進步，此乃昧於人類進化之理，恐怕是一種不通之論罷！

以上所說，皆是關於快樂主義的缺點，於是也就可以知道快樂主義，萬不能做道德判斷的標準了。可是，快樂論的缺點雖多，他的優點，却也未嘗沒有。現在也可以略略叙述一下。

第一，重視物質　人之一身，本具有精神物質兩種生活，偏重一方，實爲不當。在快樂論偏重物質生活，固屬不合，但物質生活的重要，實在是從快樂論出世，才得着一個充分的證明。西洋物質文明，所以能進步，社會政治，所以能一洗從前唯心論的覊絆，得以充分發展，也未嘗非快樂論之賜。在十九世紀之初，此種學說，貢獻於政治法律的改革，實在是不少！

第二，注意效果　人類行爲，本具有動機和結果兩方面，偏重一方，本屬不當。在快樂論，自不免有近於注重結果之嫌，但是，他能以效果定善惡，專注意在實際一方面，亦未嘗無可取之處。

況且快樂派的功績，在消極一方面，還不可湮沒的：因爲在當時與快樂派相反的學說，是以抵抗快樂主義爲主旨，純以實踐生活的積極方面——即自己實現方面，殉其消極方面——即自己拒絕方面。其說發展過甚，實在容易發生流弊，而快樂主義，能極力加以反對，注重實效，注重情感，頓使人類生活，得着一種積極的活潑精神。這一種大功，當然是不可忘却。至於其他倫理學的保守說及神祕說，經過快樂論的振作廓清，因之漸形衰落，而人道主義，進化主義，由此得了產生成長機會，這也不能不說是他的成績。

第二節　克己主義

克己主義，是以克己爲目的，與快樂主義，完全相反。快樂主義，是預想感情爲『我』的主要原質，而克己主義，則認定『自我』的主要原質，是理性，不是情感。理性與一切欲望相反對，而自行要求爲一種無上的命令。認定人的目的，——理想動物的目的，就是在於服從此等無上的命令。此等命令，即所謂『眞我』的法律。至若快樂派，不但不足爲人生目的，苟以之爲目的，反有害於眞正道德，我們要一種行爲善，必定是這種行爲，出自尊敬理性的命令，毫不計及行爲的結果。故在快樂說，則主張『爲快樂而求快樂』，在克己說，則主張『爲義務而求義務』。

以上所說，是克己主義的簡單大意。

現在再說一說克己主義的歷史。克己說，在歷史上所表示的形式，却不一致，但他皆是和快樂說，立於相反對的地位。當蘇革拉底派分爲小蘇革拉底以後，什列奈克倡爲快樂說，斯時即有什匿克（Cyrenaics）一派，起而反對。此派謂快樂是一種惡，而人的眞善，則在能脫離情緒及欲望而獨立。

斯多葛(Stoic)之說，即由此派推演而出。斯克葛的學說，所以優於什匿克派的地方，在他述人格偉大的見解及重視生活的活動。至謂人生的善，在率由理性生活，以爲情緒欲望，是佔人生生活最小部分，而理性則佔最大部分，此則與什匿克派完全相合。基督教道德中的克己原質，亦因反對異教道德的自然主義而起。惟其如此，所以極端的遜謙與隱遯及一切寺院制度，乃得稍稍顯其價値。至近世快樂主義大昌，乃有德國學者康德，出而加以矯正。因謂絕對的善，惟有善志，善志是由理性决定，而不能離乎動機。至此克己說，乃漸完成。

克己主義之興，就歷史考察起來，往往因爲文明國民，或遭外界的不幸，或國內的制度衰敗，以爲現在世界，不能與人類以欲望的滿足，遂至別尋安身立命之方，以自立道德行爲的標準。如西洋斯多葛派之起，當希臘國體瓦解，個人的價値，不能求之於政治上的生活，遂返而求之於個人的精神生活。到了羅馬初期，社會情形，所謂『除一人外，皆奴隸』，因而此派的勢力乃益盛。彼等能在國民不幸的境遇中，猶得維持其偉大的人生觀，則斯多葛一派的學說，所貢獻於人類的，實在是不在少數。就是康德一派，創爲重視理性的學說，也未嘗不是因爲快樂說一派，主張功利主義過甚，深恐人類日趨於物質生活，一切以功利爲人生行爲目的，結果，不免使善良意志，消滅於無形，因而大聲急呼，希望人類恢復理性生活。

再考察一考察中國哲學史，則知最初的儒家——如孔子，也是主張嚴義利之辨，並謂有欲則不剛。但是，他對於欲望，尙非極端排斥。惟有最初道家的老子，憤當時人欲横流，詐僞相尙，乃有絕欲主張。戰國之時，諸侯以利相尙，互相爭奪，孟子在政治方面，是言義不言利，在個人自治方面，則謂『養心莫善寡欲』，皆可說是受當世時勢的影響。至於極端的理性說，到了宋儒，才完全成立。宋儒創爲『理欲二元論』，認定『理』與『欲』是不能並立的東西，固然，他是承受道家和道教的『絕欲』說法，復雜入佛家『明心見性』的理論，而宋代時勢，外迫於異族之侵陵，內感於制度之敗壞，足以促成『道學理性論』的成立，這也是很明顯的事實。

以上所述，是克己主義發展的大概歷史。

茲再專就克己主義的特質，一爲說明。

在快樂主義認爲『正』與『利』，是絕無區別，所謂最大多數的最大利益，就是正。克己主義，則謂『正』與『利』，其間界限至嚴，絕對不能相混。蓋認定德性的存在，在於服從理性命令，杜絕欲望要求，所謂『正』的觀念，與謹愼小心的觀念，截然兩事。因爲謹愼小心的觀念，是在種種欲望，互相反對之時，由理性的反省，加以斷判，理性所以整理此等欲望之故，實爲圖謀自己的利益而起。克己行爲，則與謹愼小心，以圖自己利益的觀念，了不相涉。凡自為出於謹愼小心的，絕不能認爲眞正道德。所以克己的道德律，是絕對的，不是相對的。

在樂快派認道德律，是一種手段——得最大快樂的手段。其服從道德律，並非絕對服從，乃爲圖得快樂，所以不認道德律爲絕對的命令。克己主義，則謂理性爲人之所以爲人的特質，人能異於禽獸，就是在此一點。理性是與肉欲及情緒相反；而人的情欲，則是和禽獸一樣。人能克己，就是克欲，就是表示人之所以爲人的特質。

理性的法律，是自由的法律。如是不從理性的命令，即爲放棄自由的權利。人之所以能自由，是在服從自己所定的法律；而不爲自然嗜欲的奴隸。人若順從自然性質以行，不服從理性命令，即是不願負做人的責任，甘心與禽獸爲伍，絕無可恕之道。人之所以爲人，正是因爲是合理動物，含有理性之故；若是不認理性的勢力，直可謂之自絕於人類。

近世主張理性說最力的，當然要推康德；玆試略述其學說大意如次。康德之意，以爲凡是根據經驗後所知的事項以立規律，絕不能有普徧的效力，必須在我們經驗事項以前所立的規律，乃能有普徧的標準。因爲根據經驗的規律，只能以經驗的範圍爲限，倘若時地事實有了變動，則所定規律，也就不能不隨之而變動。以此等容易變動的規律，自難望其能貫通過去現在未來，對於一切情形，皆可適用。惟有在經驗以前所定的，是一種形式；此種形式，是具有絕對的普徧性，當然不關於一定事實，而皆可以適應。換句話說，就是純粹的道德律，不應以意志中的事項爲根據，應以意志之形式爲根據。這是康德的根本思想。

康德推演此種思想，應用到倫理學說，因而乃主張『善志』。以爲無論是世間或出世間，只有『善志』，可以當得起至善之稱。其餘若智慧，機變，決斷等的心能，勇敢，剛果，堅忍等的性質，雖可稱善，若沒有善志以爲指導，亦未嘗不可爲窮凶極惡的壞人。此在上文本編第一章第四節論目的特質時，已經提到了。他的意思，以爲善志乃是造成才氣和品性的主人，爲一切善的根本。至於幸福快樂，則決不足爲道德的根本。什麼東西，能予人以快樂，要看本人的天稟和境遇，而後決定。至於人的嗜好欲望及才能，本來是人人不同，絕非在經驗以前，已經斷定。甲所好的，乙未必好，甲所欲的，乙未必欲，甲所能的，乙未必能。可是，在道德上的行爲，總不可不求一人人皆能實行的，以爲準則。倘若因人人好惡不同，隨時隨地隨事，可以變化，何能做道德的規律呢？所以嗜好欲望和才能，絕不能做道德的根本。

因此之故，康德對於行爲的結果，乃不甚十分注重。以爲結果是依因果律以發生，非我們所能任意左右。往往有一種行爲，初以爲結果如是，而實際做起來，竟至和初衷相反。蓋因實際的結果，必有待於意志以外之物，而後才能決定。所以道德根本，仍須求之於意志。道德規律，應取經驗以前所立的法則，絕不可取之於行爲的結果。因爲結果是拘時限事，絕不能普徧應用；既不能普徧應用，即不能做道德的大本。善志所以稱善，本不在他的結果何如，其價值全在他的自身。一種行爲，如果出自善志，即使未能遂其所願，顯出效果，但是，就他自身看起來，他的價值，依然存在。這種善志的價值，實在是居於一切利益功效之上，絕不因成敗利鈍，有所減損。比如明珠，雖未照耀，而精光依然。彼所謂成敗利鈍，是專就行爲結果上看的，充其量，亦不過容易引起凡夫俗眼的注意而已，若在精於賞鑑的人，則決不能據此以判其價值的高下。

康德所謂善志，是指遵從道德規律的意志而言。蓋認定一切意志中的事項，皆屬特殊而非普徧，所以道德的規律，只可於意志活動的形式求之。這種普徧的形式，如以命題表起來，便爲左列的文句：

『在汝可爲一己的科律，並可望其能爲普徧法則的事，汝即遵之而行。』

這是說，我們人類行事，要觀其是否能望其成爲普徧法則而決定意志，此外更不必有所顧慮。這種規律，可以用爲一切道德規律的標準，同時也可視爲道德的本根。

康德辨明此種道德規律，與自然律不同。自然律是經驗界一切事物不得不從的法則；道德律則無論實際有人遵守與否，但凡具有理性的人，在理皆應遵守。至於我們人類，所以不能一致遵守的原故，則因爲我們人類於理性之外，兼具感性；此種感性，實爲情欲之源。當行事之際，心爲欲牽，自不易服從理性。理欲之間，絕無調和的可能；所以道德律，常以『應當如何如何』的命令形式出之。此命令是絕對的，無上的，決不是相對的，有條件的。道德的命令，出於理性；意志遵此命令，便是善志。但人類於理性外，復有感性，則爲意志的動機，自不僅是理性一種。如若要意志能成爲善志，能具有純粹的道德價値，則決定意志的動機，當完全以理性的命令爲依歸。

以上所說，是康德倫理學說的大意。茲再從他所著的『道德玄學基義』中引錄一段，以供參考。

僅僅一種對於普偏規律合法性，已足爲意志之原則而有餘，且必須以此爲意志之原則而後可。吾人之普通理性，在其實踐判斷，純與此義相符，即予（康德自謂）所提示之規律（即氏之無上命令），亦常能見到。請舉例以明之：試問人當窮迫之時，初無如約之意，而漫與人約，可乎？此問題含有二義：即『漫作虛諾之有無後憂，及是否正當？』之兩點，是也。前者之慮，世所恒有。蓋目前之急，未必可以僞諾免，其理甚明。且一旦失信於人，其所遺之後患，能否必其不更甚於今日所求免者，此雖富有機智之人，亦難前知。然則何若遵照普偏科律行事，養成不僞習慣之爲愈耶？是誠應慮之事也。雖然，此種科律，要不免爲出於慮患。彼服義之信，與慮患之信，其間自有區別，未可強同。當守信出於服從義務時，此行爲之意念，即足以爲律令。及其出於慮患，則必先計後果之是否爲所願矣。一切背義之行，自難稱之爲善；即其確守愼重之科律者，亦未足爲訓。何則？此雖較全之策，然世間固不乏違背愼重之科律而竟獲巨利之人也。故吾人於『僞諾是否正當？』一之問題，若要求得確實之答案，其便捷無訛之法，莫如反躬自省。試問，我今所持之科律，不論在己在人，若普偏應用，我能甘心否？無論何人，當處無可如何之境，得一概許其作欺人之僞諾否？此時本人應能立悟，彼雖自願作僞諾，却決不願僞諾之成爲普偏規律。蓋如此規律，若果成立，則世間當不復有契約之事。一切僞諾，既決不足憑，則我雖向人極力剖白，夫誰能信？縱一時失於檢點，過聽吾言，爲吾所欺，行見其且以我之道，還諸我耳。故知如此科律，若一旦成爲令典，必自敗無疑也。（照錄屠孝實先生的譯文）可知康德所說，是極端排斥欲望，以爲欲性，是立於理性以外，所以絕不能認他爲行爲的目的。

再觀吾國宋儒所說，幾乎和康德學說，若合符節。張橫渠既創爲『理氣二元』之論，謂天地之性，是純粹至善，是爲天命所賦與，氣聚成形，天地之性，即具於其中；至氣質之性，便有純駁偏正之異。彼所謂天地之性，就是『理』，所謂氣質之性，就是含有『欲』在內。『性』，『理』，『道』三樣，在宋儒是看成一件東西的。所以程伊川說：『離了陰陽，更無道；所以陰陽者，道也。陰陽，氣也。氣是形而下者，道是形而上者。』到了南宋朱子，則說得更爲明顯。他說：

論天地之性，則專指理而言；論氣質之性，則以理與氣雜言之。

朱子所以極力推崇張子程子之故，就是因爲能發明氣質之性，所以他說：

孟子未嘗說氣質之性，程子論性，所以有功於名教者，以其發明氣質之性故也。以氣質論，則凡言性不同者，皆氷釋矣。

又因道夫問『氣質之說，始於何人？』他答說：

此起於張程，某以爲極有功於聖門，有補於後學。

朱子是認定天地之性，是善的，是即所謂『天理』，所謂『道』；氣質之性，是有善有惡的。善的一部分，因含有天地之性在內；惡的一部分，便純是人欲。所以他又把人的心，分成二樣：一是『道心』，一是『人心』。他說：

道心是義理上發出來底，人心是人身上發出來底。雖聖人不能無人心，如飢食渴飲之類是；雖小人不能無道心，如惻隱之心是。

所謂道心，就是理性，是起於物質生活以上的；所謂人心，就是欲望，是由於物質生活而起的。人要饑食渴飲，禽獸也要饑食渴飲，正是所謂肉欲情緒，人與動物同。惻隱之心，便是善的意志，乃理性動物——人——所獨具。

人要不專爲禽獸的生活，須一循乎天地之性，遵守理性的命令，克去肉欲和情緒。所以宋儒最重克欲，以爲必克去私欲，乃可復乎天理。

在宋儒中，比較起來，還算朱子說得很圓通。他是注重窮理，注重先知後行。可是，大概說起來，宋儒對於人類欲望，皆是取消極的排斥態度。他們自命爲『理學』，以爲這種『理』，是『如有物焉，得於天而具於心。』（戴東原語）可以說，他們的理，是先天的，超時間空間的，凡是學問最高目的，就在把這一個『理』，能體會出來。此正和康德所說先天的普偏的絕對的理性一樣。

上文所說，是關於中西克己主義——理性說——的大概。現在可再略加批評。

平心而論，克己主義，實在是含有一部分的眞理在內。本來消極道德，價值是異常之大。我們誠回溯道德的起源，最初，是下等衝動與高等衝動，分不出什麼界限；嗣後，人文進化，才漸漸把下等衝動，附屬於高等衝動。可是，何以能把下等衝動，附屬於高等衝動呢？一定是在某一時期之內，征服下等衝動，比較發展高等衝動，尤爲重要。不發展高等衝動，是否即能征服下等衝動，原是教育學上一個大大問題，但是，我們所可斷言的，道德之起，一定是起於『自制』。人類本着求生的欲望，力求滿足生理的要求，其所表示，皆是屬於下等衝動爲多。理性發展——即道德的萌芽，一定是從自制其下等衝動始。試觀我們置身人羣之中，對於一切境遇，何嘗不需要消極作用呢？况且文明愈進，所需要消極的條件也愈多。滿口說是日日求樂，實際在我們德性中，無一不含有痛苦的要素。可知放縱下等衝動，其危險更甚於抑制高等衝動。克己主義，主張去欲，又何嘗不是根本修身的辦法呢？况且如『捨生取義』，『殺身成仁』，自來所謂聖賢豪傑，寧願捨一己的快樂，以從事於責任的擔荷，臨難不懼，至死不悔，所謂精神不死，人格常存，實在是皆由這一點克己的精神，發揮出來。在快樂主義，對於捨身救人的行爲，謂是捨小己的小樂，以求大己的大樂，這種解釋，實在是牽強的很。如若拿克己主義來解釋，便可以明白曉暢，一往無滯了。

但是，克己主義，缺點亦復不少。茲可分條述之如下。

第一，過於重視道德的消極方面，只以抑制欲望爲唯一之主張　欲圖人類『自我』的實現，一方面固當尊重理性，同時他方面也不能蔑視情欲。如依克己派所主張，必將情感和欲望，完全滅絕，而後才可以實現理性，此實大誤。試問，人類要滿足人性的一原質，是否可以將其他的原質，完全消滅呢？今克己主義，認定道德性，是存於自由服從理性之命令，而對於理性所下的定義，除反抗欲望以外，別無他說。如果這樣，則凡有德之人，當欲望存在，必時時與之衝突，是則道德的生活，可以說，完全是奮鬬的生活了。

奮鬭的結果，如是理性得完全勝利，可以斷言理性也不得不隨欲望之消滅而同歸於盡。比如因吃飯而致病，便决計絕食，以爲不吃，便可把病的根本消滅；可是，結果，因身無食物以資營養，則生活或且不能保存。如此，這不是因絕食去病，而反使病益加重麼？所以如克己派的辦法，直可斥之爲逆理。况且此種主義，因無人生積極理想之故，凡是遵守此種主義的信徒，勢必至於剿滅人生健全的興味，唯以死爲人生爭鬭息肩之所。其信道不篤的，則或純以冷淡精神，於肉體生活的最低形式中，置其積極理想，於是流弊滋多，益不堪問。

第二，遠於人生實際的日用生活　快樂主義，在實踐上的缺點，是不能表示『正』與『利』的區別；而克己主義的缺點，則又正在其相反的一方面。蓋如其所主張，勢必至對於實際的日用生活，距離日遠。比如說：人有所欲爲之事，在道德上不謂之正，即不應爲；如此，則我們日常所有行動，凡是由愛憐，希望，恐懼等感情發生出來的，皆當加以非難，斥其來源不正了。試問，到了這種境地，是不是令人寸步難行呢？就是所謂正人，也只好甘守其貧乏枯瘠的生活而後已，如何能再向他方面發展呢？總之，快樂派和克己派的缺點，皆是因爲對於理性的見解謬誤。在快樂派，則謂理性不能予人生以目的，僅能對感情所與的目的而示以實現的手段。在克己派，則又謂人生目的，在於理性，而欲於良善生活中，排斥一切欲望，是卽以排斥實現理想的目的爲唯一手段。可是，克己派對於理性的見解，雖與快樂派相反，但二者也有相同之處，就是皆認定理性是立於欲望之外，而與欲望僅有外面的關係，無內面的關係。

第三，不明欲望的性質　快樂派既不明瞭欲望的性質，克己派對於欲望性質的不明，其程度殆尤過之。須知人類欲望，絕不能與肉欲相混。下等動物，只有肉體，一切行動，多爲肉欲所決定，不能具有預知欲望對象的能力。人類雖有肉欲，但此等肉欲，僅爲欲望未經製成的材料，——比如感覺，便是知覺未製成的材料。如是此種肉欲，能爲我們所意識，而知其可以爲決定我們行爲的要素，則此時已經由肉欲變成欲望；猶之乎感覺能爲我們意識，知道他是知識中的一種要素，則此時已非感覺，純粹爲知覺的對象了。如此說來，可知欲望是離不了意識；而意識的作用，則又是出於理性。那末，欲望一定是不能和理性相離了。並且可以說，一切欲望，皆是由於理性搆成。克己派因爲不明白這種道理，竟把欲望和肉欲，混爲一談，以爲理性對於肉欲的盲目衝動，必定要時時加以反抗；此等反抵作用，乃是道德生活所必要。這不能不說是他一種錯誤。況且就日常事實以言，即如克己派所謂生活，也並不是純粹和欲望生活完全分離。如科學家追求眞理，總算是純出於理性了，然而他所以能追求眞理之故，仍是爲他的興趣所決定。興趣是什麼呢？還不是出之於感情和欲望麼？所以合理的生活，絕不能離去欲望而獨立，不過僅能說劣卑及特別的欲望，附屬於高尙的且普徧的欲望罷了。試舉例以明之：如欲發見眞理，及盡力社會公益事業，自然是高尙的且普徧的欲望了；至於欲求豐富一身一家的財產，則可認爲較爲卑劣的特別的欲望。我們應該以下等的欲望，附屬於高等欲望；如此，則高下分判，主屬聯合，便是一種合理生活。可知人生目的，絕不在抑制欲望，而在使各種欲望，能各如其固有位置，以實現其全體目的，仍復互相附屬。人類生活進步，本來是如此；就是要圖高等欲望的滿足，也必定要先把下等欲望滿足起來。就一個社會言，知識欲望的發生，必定要社會開化，已達了某種程度之後；就一個個人言，知識欲望的發生，也必定在衣食欲望，已經滿足之時。所以下等欲望，看來雖覺可鄙，但是他也却有固有的權利。理性作用，所以可貴，並不是因爲他能把欲望抑壓下去，實在因爲他能把欲望整理起來，調和起來。

克己主義，因爲不明白欲望的特質，不明白欲望的價値，不明白欲望和人生生活的目的關係，不明白欲望和理性不能分離，一味主張用理性來抑制欲望，滅絕欲望，其結果，一定使人生生活，日流於枯瘠，其影響於道德思想，社會風俗，實在是至重且鉅。在中國宋代理學，即有此種弊病，所以戴東原著書，極力反對宋儒，特把情欲的位置提高。他說：『理』這樣東西，要從客觀的事物看出來。宋儒說：『理在心中』；東原則說：『理在事情』。因爲人必有『欲』，才能有爲，有爲，才能有事，有事，才可辨出條理，定出好壞；若無欲無爲，則事已沒有，理也就沒有了。他說：宋儒所謂『理』，實在不是『理』，是一種意見；因爲他是『離人情而求諸心之所具』，非意見而何？東原所說，可算是精闢極了。後來梁任公先生作東原哲學，極力表張他的學說，因而對於宋儒理性之說，也就加以深刻的批評。現在可把他所說的話，引一段在下面，以見克己主義的流弊，並用以補前文的不足。

東原以爲『宋儒辨理欲之說，可以生出三種大毛病。頭一件，令好人難做：有生命的人類，總是要生活的，生活自然離不了物質的條件。一切行爲，都起於欲望，有欲望纔有行爲，纔能說到行爲之合理不合理。無欲無爲，還有什麼理？聖人教人，只要人的欲望行爲，皆在合理的範圍內活動，所以只講無私，不講無欲。至於「饑寒愁怨飲食男女常情隱曲之感」，雖君子也如何免得掉？辨理欲的道學先生們，專拿這些事來挑剔，這樣『責備賢者』法，一定鬧到滿天下沒有一個穀人格的人了。第二件，養成苛刻殘忍的風俗：說無欲便是君子，那些以君子自命的人，一點也不體貼人情，專憑自己的「意見」，就說是『理』。種種橫謬舉動，自己覺得「不出於欲」，便說是問心無愧。凡自己意見，所認爲非的，便說這個人是「自絕於理」。這是多麼殘刻啊！第三件，迫着人作僞：古聖賢替社會國家做事，總是體貼人情，凡是生活上細微曲折的，都打算周備。堯舜憂四海困窮，文王視民如傷，那一件不是替人民謀「人欲」。辨理欲的先生們，把理和欲認爲不相容的兩件事。自己修養，以「不出於欲」爲合理，治人當然也以「不出於欲」爲合理。舉凡人類物質生活極重要的事項，輕輕拿人欲兩字抹殺去，一切不在意，專講甚麼天理，公義。孟子說得好：「救死而恐不贍，奚暇治禮義？」除却以欺僞相應，更有何法？這不是率天下跑到詐僞那條路嗎？』（譯疏證卷下頁二十四二十五大意）東原提倡情欲主義的理由，大略如此。簡單說一句：東原所以重視情欲，不過對於宋儒之『非生活主義』而建設『生活主義』罷了。

總之，克己主義的絕大缺點，是把理欲分成兩橛；既把理欲分開，自然就要尊『理』抑『欲』，使他不能並存。於是應用到實踐方面，就覺得遠於人生實際生活；若拿他做道德標準，也就不免阻滯人類道德的進化。

第三節　進化的快樂主義

既由古代的快樂主義，演成近世的功利主義，迨生物學大昌，復有生物學的進化論出現；於是又把近世快樂主義——即功利主樂，加入進化原理，遂創成一種『進化的快樂主義』。因此同一快樂論，乃有新舊兩派的區別；新快樂派，可以用斯賓塞爾來做代表。（在舊快樂派中，也可分做兩派：舊派可以取霍布司來做代表，新派可以取邊沁和彌爾來做代表。）

新快樂樂派和舊快派，同以快樂爲倫理上的目的，也就是同以感情上的可欲狀態，爲道德的究竟目的。他們兩派，所以不同的地方，則在新派對於舊派所濫的假說，及所用的方法，皆認爲不滿，極力加以非難，因此新派就别取一個途徑，以立定他的道德判斷的標準。

新快樂派所用以非難舊派的，是認定舊派論個人與社會的關係，完全錯誤。今就新派所指出舊派的缺點，列述如下：

(一)舊派視社會，爲個人器械的集合體，和原子及分子構成無機物無異。

(二)舊派旣視社會爲相同的原子的集合體，因而有福祉平均分配之說，視福祉爲一種情緒的貨幣，可以計算，可以按股分配；於是遂認定苦痛或快樂，如貨幣可以授受。以爲我們認爲當爲之事，只在計算得最大量的快樂，最小量的苦痛。

(三)舊派視社會是靜止不動的；其組織的原子，是久久不變的。即使個人因教育而變，也是偶然的，個人的；若聚全體以觀，則仍是始終不變。

(四)舊派以個人感受快樂之力，始終不同，故其視快樂，亦始終不變。

以上四點，在進化論派(以下簡稱『進化派』)，認爲完全錯誤，因而就創出『社會有機說』，以代替『社會原子說』。新派有機說的成立，全由於考察民族進化歷史，以得其根據。以爲我們生存在社會當中，我之所以爲我，彼之所以爲彼，正因爲和社會發生關係之故。倘若不把我們的人，看做某社會的一員，則將無從知道有我這一個人的存在。可知個人與社會的連結，是內面的，不是外面的，是有機的，不是器械的。人有精神及身體的能力，皆是得之於遺傳，遺傳之由來，便是社會以前的狀態。人之本能及欲望，所以能爲行爲的泉源，也是因爲預想一個有機的社會，已經成立。世間有了家庭，種族，政治等種種組織，便是爲滿足此等欲望之地。倘若沒有社會制度，試問，人類將從何處受教育呢？倘若沒有國家法律，試問，人類財產，將從何處受保護呢？總之，人類生活，皆是因爲和社會發生關係，才能存在，才能決定。比如人之一手一足，如若不因爲和全體發生關係，也就無從發見出手和足的功用了。

進化派，認定社會的發達，純由於個人對周圍而起反應，其反應周圍環境的作用，與其他有機體，是一個樣子。當社會發達之時，分化與合一作用同時幷行。社會愈複雜，個人互相依倚，也愈爲密切。所以斯賓塞爾說：『進化的極致，在個人生活，於長廣兩方面，皆達最大的界限。』這就是說：社會進行目的，可以得着生活的增益，得着生活的發展，得着生活的最大量。並且認定社會進化的法則，和生活進行的法則無異。凡是一個社會的競爭生存，皆是由於部分的構造及作用，能最適於周圍環境；且社會與周圍環境，因競爭而生存，也必定因他的行爲，能最適於社會保存的目的，才可以得着健康或強力的增進。所以社會的進化，也就是社會組織的進化；進化所表示的形式，便是最強有力的組織。

由此理論，應用到快樂主義，自然是認定快樂是存於個人各本能得着有機的平均。在進化派，看到組織社會的個人，並不認他是個個孤立的個人，乃認他是爲社會所決定的個人。因爲快樂本不是一個孤立的東西，存於各個的本能，必爲其全體有機的平均所決定，乃能表示其存在；其所以然的理由，就是因爲社會是天天在那裏營有機的進化。因此之故，所以他們的福祉觀念，就不得不大爲變遷。他們以爲由進化的觀念，可以表示出人類能得着新本能新欲望的意義。一時的福祉，當然不能爲他時的福祉。本來福祉的價値，是隨着社會發達，時時殊異的。

至如舊快樂論所用的方法，在進化派說起來，是絕對不合，因爲舊派注重功利，認定道德是產生最大快樂的手段，純由經驗的事例，概括得之。進化派，則謂道德是社會有機體的健康條件，比如『汝毋盜』，『汝毋淫』……等的道德命令，在注重功利的快樂派，則謂能順此命令，即可使我與人皆得最大的快樂，此是經驗所明示而無可疑惑的。在進化派，則謂此等命令，絕不能由功利論的立脚地來說明，只可認他是社會有機體生存發達的必要條件。蓋一以社會的福祉爲標準，一以社會的健康爲標準，所以兩派截然不同。

可是，這兩派也不是眞正反對的，其所以差異之點，却不一定在他們所認定人生究竟目的——人所當達的目的——不同，而實在於所用以達目的的方法不同。以福祉爲人生目的，兩派本來是一個樣子；惟進化派，則謂欲達此目的，首當注意於條件。

以上所說，爲西洋近世進化的快樂主義的所主張的大概情形。

再講到中國方面：中國古代學說中，除易經外，關於講進化的，只有莊子一人。在莊子一部書中，講到生物進化論的地方很多。他說：『物之生也，若驟若馳，無動而不變，無時而不易，何爲乎？何不爲乎？夫固將「自化」。』『自化』二字，是莊子進化論的大旨。他又說：『萬物皆種也，以不同形相禪，始卒若環，莫得其倫，是謂天均。』這是莊子說『物種由來』的道理。他認定萬物是始出於一類，後來才變成不同形的各物，並且是一代一代進化變成的，所以說：『以不同形相禪』。至於說到所以進化之故，則一歸之於天然的自化。物類自化與他所處的天然的環境．關係至切。環境有種種需要，故物類必變化其形體機能，以求適應。變化能與環境適合，就能進化，否則不但不能進化，並且不能生存。『適合』也是莊子進化學說中一個重要觀念。

可是，在近代西洋進化論講『適合』的，却有兩種分別：一種是『自動的適合』，一種是『被動的適合』。被動的適合，如魚能游水，鳥能翔空，大抵皆靠天然的偶合，後來有些不能適合的物類，便逐漸歸於淘汰，這就是所謂『天擇』了。自動的適合，是對於不適合的境遇，能由自己的努力，戰勝天然；使此等不適合的境遇，可以因我一番努力，逐漸發生變化，轉能與我相合。如人類不能昇空，可以造成飛機，人類不能入水，可能造成潛水艇。莊子僅能明白被動的適合，對於自動的適合，却不去理會，因而覺得自然力量太大，勢不可抗，雖有人爲，亦復無可如何。這却是莊子生物進化論的一個大大的缺點。

莊子的生物進化論，是被動的，天然的，因而應用到人生哲學上，自然就成了消極的，厭世的，無爲的，達觀的各種主義。他以爲人生一切的壽夭，生死，福禍，皆是出於天然，歸於命定，不必用人力去爭，而且也不能用人力去爭，只有順其自然，別無他法。萬物是如此，是非善惡，也是如此。我們就目前最小的空間，最短的時間來看，以爲這是是的，非的，善的，惡的；可是，要把眼光放大一點，所謂是非善惡，也不見得有什麼十分明瞭的界限。比如我們立在平地上看人，自然是有高有矮，若是登在高峯，下瞰人類，差不多就是齊一的了。物類形體機能，是隨所處境遇，時時發生變化；人類道德行爲，也是隨所處境遇，時時發生變化，境遇無定，變化亦無定，今日認爲是是的善的，換了處所地方，變了時間，就不見得是是的善的，——也許說是非的惡的。莊子既看得到了這個地方，就覺得人類在大自然中隨風轉變，正是『以天地爲爐，以造化爲冶，惡乎往而不可。』那末，自適其適，也就好了，又何必再斤斤然去計較是非善惡呢？所以在他名學上，應用這種道理，便說『此亦一是非，彼亦一是非。』可見無論如何辨論，是非總不見得是有定的。在他倫理學上，應用這種道理，便說『與其譽堯而非桀也，不如兩忘而化其道。』可見無論如何計較，善惡也還是無定的。是非善惡，既沒有一定，我們只好隨遇而安，純取達觀態度，不必再去做傻子，爭議一日的長短，無端與『自然』開戰了。

莊子這種學說，實在是不圓滿。他說是非善惡，是隨地隨時變遷，絕不是固定，這一點，當然是不錯的；可是，因爲無定，便不去計較，不去努力，那就大錯而特錯了。須知人類所謂文化，所謂道德，就是純由人爲戰勝天然的結果，就是力圖『自動的適合』的成績，就是因世界上有一班傻人，好去斤斤計較一日的短長，才能有各種學術，各種制度，各種事業。如是眞照莊子的理論，推演下去，則人類豈不是就要日趨於滅亡了麼？固然，人類日趨滅亡，也不是一種可悲的事，但是，人類是天然具有自動的能力，絕不能如其他下等動物，純爲『被動的適合』的態度一樣。我不進取，不能使人人皆不進取；我甘退讓，不能使人人皆甘退讓。如是，我主退讓，人反進取，我主消極，人反積極，我主消滅，人反健全，則不惟個人理想不能實現，自家反要大吃其虧。倘若一個民族，皆傳染了這種思想，一旦和其他進取的，積極的，健全的民族相遇，則必至於全民族大吃其虧。所以莊子學說，侵入於中國國民思想之中，實在不好的影響太多，好的影響太少。

現在可再就進化的快樂主義，略加批評。

如中國莊子進化的道德觀，在前文敍述他的學說時，已經加過批評了。現在可專來評論西洋的進化的快樂說一下。

進化論應用於倫理學上的價值，確有不可磨滅的幾種：

第一，打破個人主義　如克己主義及快樂主義，驟視之，似乎一是注重個人自克，是屬於個人主義；一似注重最大多數最大福祉，是屬於社會主義，二者不能一致。可是，細加推繹，則知此兩種學說，仍然皆是立於個人主義之上；其所視爲倫理上不可不滿足之我，並非眞是與社會相關係之我，乃是一個孤立之我。克己主義；至康德出，可算能發揮盡致了，但彼之視社會，只認爲利益的領土，與眞正的自我，仍是不能相容。近世持快樂說較舊的，爲霍布士，彼則認定自我的滿足，可以離開社會以達之，甚且以爲因有社會，反足以妨害個人的滿足。至較新的，如邊沁，彌爾，亦復不能免掉此弊。蓋此等主義，皆以爲個人是離社會而獨立的，惟因爲圖身命財產的安全，乃始附屬於社會。至於社會的組成，在彼等視之，則以爲是各不相容的原子，如機械的一般，拚湊集合。待到進化派出，始認定個人與社會有不可離的關係，僅由個人方面以言，絕不能證明我之存在，我之所以爲我，實在因有了社會的關係，才得存在。

第二，重視歷史觀念　本來道德觀念，是逐漸發展的，逐漸進化的。發展進化，自然有他一定歷程；這個過程；就是歷史。進化派是能應用歷史的方法，以研究道德的標準，所以能明白道德標準，是相對的，是進步的，不是一成不變的。比如古代直覺論的倫理學，所主張的良心判斷，在進化派看起來，便能明白良心所命令的道德，是隨着社會發達的道德；其發達的歷史，和意識生活的其他形式是一樣。由是以言，則凡快樂主義，主張自然的說法，克己主義，主張合理的說法，皆不能根據歷史的方法，以說明究竟，自然就覺得有許多缺點了。

第三，在倫理學上能給予快樂主義以新見解新意義　照進化派所說，則快樂可以謂爲自我實現的感情。詳言之，就是說，生物的活動，能與他的周圍環境一致的，其物必日趨於生存；否則其活動因不適宜於周圍環境，致害其有機體，則必日趨於死滅。是以快樂常和趨於生存的活動相隨，苦痛常和趨於死滅的活動相隨。若在人類，則前一種活動，便是道德行爲，後一種活動，便是非道德行爲。這樣說法的價值，究竟怎樣？可取他的相反學說，比較一下，便可了然。如克己主義，謂快樂是五官的幻妄，與道德的生活，適相衝突；而在進化派，則謂快樂是健全的活動的符號，不僅爲符號，且又足以助長其活動，以增進有機體的勢力。如此說法，便能對於快樂說，加上一種新見解，新意義。他的價值，自然就可以表現出來了。

可是，進化的快樂主義，優點雖多，却也有幾種缺點，不可掩飾。今試略述之如下。

第一，不能證明生活的增益，是可欲之事　在進化的快樂派，皆以爲人生究竟目的，在於最大快樂，而快樂所以有價值，則因其快樂與之同時增益；可是，按之實際情形，是否如此，却不敢說。如說人類能力發達，則享受快樂之力，亦隨之而大，似乎不錯了；然而近世有力哲學，就此一點，加以攻擊的，也未嘗不具有相當理由。彼等甚且謂知識愈增，則憂患愈大，憂患便是痛苦的別名，與快樂恰相反對。固然如此說法，不免是厭世派的一偏之見，可是，人類因精神及良心發達之故，不但不使快樂增益，且有因之把一部分的福祉，願意犧牲，却也是有的。史梯芬曾經說過：『人之有道德，往往不適於得最大快樂。』這句話，恐怕進化派，亦不能不承認罷！如謂已發達的社會當中，所以免不了苦痛，是因爲社會秩序未能整理之故，若是社會作用，與其周圍，已達於完全調和平均時，則此等苦痛自免；但是，我們要知道，社會的進步，是否眞能達完全的平均呢？如斯賓塞爾所謂『最適之人』，是否可爲一種可能的概念呢？若說在社會及個人之間，社會全體及其周圍之間，能得平均，即爲進步，這固然是無可疑惑了；然而『平均』，也不是永久不變的。一種平均，成立不久，又必有新勢力出，以打破舊平均，復要求第二新平均。旋立旋破，旋破旋立，如環無端。蓋必如此，而後才可以有進步。進化派，偏謂快樂與生活的增益，同時並進，無論如何，恐怕終難得確切的證明。

第二，不明『原因的科學』與『目的的科學』的區別　這可說是進化派方法上的缺點了。在進化派，自以為他所持的倫理學，是合理的科學，與昔日舊快樂派主張功利的經驗的科學，兩相對立；可是，我們細加考察，則知進化派所用的方法，仍是經驗的，不是合理的。在斯賓塞爾，曾經對於合理科學的特質，極力加以說明；謂一切進步的科學，皆是先天的，或合理的，是由歸納法所得的前提演繹而得的，所以絕不是經驗的。並舉天文學，以示二者的區別。謂『古代的天文學，不過僅僅觀察太陽及行星的位置及運動，到了觀察既久，漸漸知道某天體當在某時，現於某地。近世天文學，則純由力學的原則，演繹而出，所以能指出某天體，必於某時現於某地。古代天文學，與近世天文學，既有如此區別，那末，近世功利派的倫理學，與眞正倫理學的區別，也是一個樣子。一又比之以力學上的合成力，與其分力的關係，以爲既可由直接實驗，把他發見出來，亦可由力學法則，把他推論出來。由此以言，則知此種區別，固已存於自然科學之中，所謂經驗的，就是只用觀察之法，而不分析其現象爲各原質；所謂演繹的或合理的，就是從各原質所明示的法則，可以演繹其結合所表示的法則。可是，經驗一語，還有其他意義，就是凡科學只論『有效的原因』，而不論『究竟的原因』的，皆可以用經驗的方法概括他。此即所謂『原因的科學』。若是科學論究現象，出於企圖，而且能意識其目的，此則可以謂爲『目的的科學』或『合理的科學』。經驗科學，如物理學，生理學，及斯學的各分科；目的或合理的科學，則爲倫理學，政治學，及其他關於美術，宗教的各理論。乃此等重要區別，進化派並不甚明瞭。他的研究方法，是預想人類行爲，不爲目的觀念——究竟的原因——所決定，而但爲快樂或苦痛所決定。不知苦樂兩樣感情，乃是人類行爲的有效原因，絕不能爲究竟目的。可知進化派的方法，仍是經驗的。

本來道德律——即倫理學的對象，必從目的概念發生，而此等目的，必爲自己之善。換言之，就是自己的實現，或自己的滿足；且其所謂滿足，萬不能僅求之於感情狀態之中。在進化派，以『社會的健康』，或『生活的增益』的目的，易快樂派所謂『最大快樂』的目的，這自然是不錯的；但是，他對於快樂派所謂『目的必爲自己之善』的一種眞理，也竟一筆抹煞，可就錯了。又進化派，不視人爲孤立的原子，其所具的目的，並不視爲一原子或數原子的滿足，認定個人之善，亦必爲公共之善，這自然也是不錯的；但是，所謂公共之善，絕不能說他不是自己之善，倘是不認爲自己之善，則我們欲從目的概念中，演繹出道德律，也就一定不能成功。進化派，對於此點，不甚明了，竟不承認公共之善，是自己之善，這也不能不說他是錯的。所以進化派應用進化論於倫理學，本來是無可非難；可是，他仍立於經驗的見地，以論究人生究竟目的，恐怕仍不能得着較完善的結論，自然不能不說是他的缺點。

第四章　最高的道德標準與善的目的——論究人生的究竟目的

在前章各節內，已將關於目的說所屬的道德標準，略爲敘述，且略加批評了。茲可綜合前文所論述，得約說十三條於下：

(一)我們對於道德行爲，加以判斷，判斷的標準，必求其有普徧性及統一性，可以適用於一切，施行於永遠。蓋必如此，乃可以稱做『最高的道德標準』。

(二)最高的道德標準何在？在於『善的目的』；善的目的何在？則在於『至善』。所以至善可以說是我們人生的究竟目的。

(三)最高的道德標準，不能求之於外面的所服從的法律，須求之於人生相關的目的，與所謂道德上的法律，亦必從道德上的目的發出，而後才可以顯其確實。

（四）所謂『至善』必爲『自我』之善。換言之，欲求達到善的目的，必求實現『自我』。

（五）『自我』非孤立的，必於社會發生有機的關係，而後才能顯出『我』的存在。我們所以說實現最高之我，就是實現絕對的善；絕對的善，就是至善。至善必從社會組織上看出，才能把善的目的表現出來。

（六）因此，『至善』，也可稱爲『公共之善』。公共之善，一方面固宜從人類各種本能，情感，欲望，調和整理，得以成功一個統一的『自我』，而後才可以實現；一方面又必從組織社會的各種制度上，表現出他的價值。因爲人類的本能，情感，欲望，本與社會制度，不能相離。

（七）『自我』實現，也可改稱爲『自我的滿足』。二者語異而義同，皆可認做『

善的目的」的定義。

(八)惟『自我』不能現於情感狀態之中，且又不能由完全拒絕情欲，便可以實現，只有由有機體之我，及社會相關之我，調和整理一切欲望，乃能得之。

(九)因爲這個原故，所以快樂說與克己說，對於『自我』，皆不免有所誤解。蓋一則重視情感，不能說明『無上命令的存在』；一則主張犧牲欲望，經視人生行爲的淵源，所以均不免有缺點。况且兩派的理論，雖各不同，其爲個人主義則一。彼等解釋『自我』，是認做一種抽象之物，完全與社會脫離關係。

(十)我們由進化派所指示，乃明白『我』是社會一員，絕非孤立的原子；所以道德的判斷，正爲反射社會道德的秩序。

(十一)惟進化派雖有完全掃除個人主義之功，但他捨棄『自我之善』的一個觀念，却令人不能十分滿意。蓋彼欲建設目的科學，竟視此科學的對象，爲各情緒之爭鬭，似乎有點不安。

(十二)要彌縫進化的缺點：(1)在排除快樂主義，(2)於其經驗論上加以證明，即證明個人不能離却社會；更當加以目的論的證明，證明個人之善，即公共之善。

(十三)由辨明至善的特質和形式，『自我』的地位與價值，尋出人生究竟目的所在，便可得着一個最高的道德標準，可立出一種眞正的合理主義。

以上所說的十三條，似乎要犯了兩種毛病：一是語焉不詳，二是意多重複。可是，區區之意，一在結束前文，二在啓示下節，所以只要詳讀以前各章各節，便可得其端緒，再益以下文的申解，當可一往無滯。

第一節　善的特質及形式

要求最高的道德標準所在，不可不明白善的目的，要明白善的目的，不可不先明白善的特質和形式，是什麼樣子。

先就善字的意義來說一說：說文上善作『譱』，吉也，从言羊，與義字美字同意，所以美字下，也說與善同意；義之本誼，是指個人的威儀，美便是甘美。古時文字所以從『羊』，蓋取羊性仁美馴良，羊又訓作『祥』，祥與吉亦同意。味美而能悅口，貌善而有威儀，皆可以善稱之。至國語謂『善爲德之建』，孟子謂『可欲之爲善』，呂覽謂『善，好也』，釋名謂『善，演也，演盡物理也』，則已涉入人類的志(行)知情(欲)的三種範圍了。蓋善由德建，則必爲實踐之結果，善而可欲，好則必好，則內容必爲情感所欣悅；演盡物理，則必由於知識的推量。可知善之一字，初則用之於外物，繼則用之於人事，而其所以搆成善的意義，初則由於感，繼則由於知，由於斷。

中國古籍言倫理上之善，莫善於大學，大學以『明明德』，『新民』，『止至善』爲三大綱領，而『至善』又是三綱領之貫。其所用以達於至善之境，則有八條目，八條目所具的程序，爲『格物』，『致知』，『誠意』，『正心』，『修身』，『齊家』，『治國』，『平天下』，這本是一層一層，循序擴大的。由本能而知識，是指格物致知的作用，由知識而意志，而判斷，是指誠意正心的作用，此皆屬於心一方面的。心身聯合而身修，再由身擴而至於家，至於國，至於天下，人格乃得逐漸擴張，是由小我擴成大我，由小體擴成大體。所謂『明明德』，便是由一點爲善的本能，日益啓發；所謂『新民』，便是德日進於無疆，正合『湯盤日新』之義。惟其『明』，所以才能『新』，惟其『新』，所以才能有創造，有進步，有理想；必如此乃可以達於至善，追求人生究竟的目的。由此以言，已不啻把最高的道德標準，完全說明了。

說起善的特質，本來是含有兩種意義：一是『自我的實現』，一是『公善的到達』。自我實現，似乎專指個人之善而言，公善到達，似乎專指社會之善而言。其實這兩種，是分不開來的；就個人之善看來，如所謂某某義務，分所當盡，或不可不盡，似乎專就一人行爲立論，但是，欲履行義務，倘不與社會相干，則德行又從何而顯呢？無父即無由盡孝，無兄即無由盡悌，無朋友即無由盡信，可知我們平常所謂忠孝仁愛等種種美德，皆因有人羣的組織，有彼我的關係，而後才可以顯其意義。即以惡而論，如所謂不仁，不信，不義，貪汚，殘忍等，也必因社會受其損害，乃始著其罪惡。由此以觀，所謂個人之善，實在不外乎公共之善，所謂個人之惡，也實在不外乎公共之惡。

『善』，必賴人的『善行』，把他表示出來。這種善行，恰如橋梁一樣，可以貫通個人與社會兩方面。我們應立在橋上，看明一個橋身，橫亘兩方，應該認明兩方具有密切的關係，不應該只看定橋的一頭，或是專認定個人，或是專認定社會，使兩方不相聯合。至於橋身的長短，橋量的輕重，則又要看橋的自身材料和建築怎樣；猶之乎要稱量善的價値，須看個人行善能力的大小怎樣；善力大則及於社會的利益亦大，善力小則及於社會的利益亦小。小大本是由比較而來，原無一定的標準，小又可爲大之基，擴張起來，實在是不可限量。一個獨木小橋，只可渡過一人一馬，若黃河大鐵橋，則可以通行極重的火車。善行及於一家，則爲一家之善人，善行及於一鄉，則爲一鄉之善人，善行及於一國，則爲一國之善人。可是，要愛國人，又必自愛其鄰人始，要利濟斯民，又必自利濟其身家始，可知大善皆是由小善擴充起來的。

善行就是達到「善的目的」的最好工具，道德上的目的，即實現於善行之中。善行之自身，就是一個目的。善行可以爲無量的擴張，由欲望的整理調和，可使善志日高，善能日進，善知日增。從行爲者主觀方面看，便說是個人之善，至若因人類的本能，情欲的根源，則又可以組成種種社會，構成種種社會制度。所以若從客觀方面看，又可以說是社會公共之善。家庭之制，則由於保存種族；財產貿易之制，則由於儲蓄交易；教育之制，則由於進求知識。各種社會和社會制度之所由興，皆是爲達到人生目的，滿足人類欲望；制度善，實由於人的行爲善。什麼是社會呢？社會就是個人主觀生活中欲望的客觀方面。

人不能對自己盡其應盡的義務，亦必不能盡其對社會的義務。如因惰怠而不勤工，或以嗜酒罄其工資，其人不但不能養他的父母，畜他的妻子，且於職業上，必致大遭損失，而影響及於社會。在一個社會內，所以有由配偶而成家族的制度，由交易而成商業的制度，由傳授知識而成學校的制度，皆與我們人類健全的本能情欲相當，可以使組成社會的各分子，各得其調和的比例的滿足，用以搆成道德的秩序。所以要社會制度的系統，不至紊亂，必定先要組成社會分子——個人——的欲望系統，不至紊亂。如從另一方面看，倘使個人的欲望錯亂了，則在社會方面，自然就有了妓館賭館，以及其他不正當的娛樂場所出現，所以個人惡行，未有不波及於社會的。

個人之善，即公共之善，個人因善行而能實現自我，就是個人的一切情欲，先得了整理調和的效用，成了一種有秩序的能統一的人格；同時社會方面的各種制度，也就得着調和整理的效益，搆成道德秩序，以與人生道德生活相適應。如此，在主觀方面，個人達到了爲人的目的，在客觀方面，社會便達到了公共的目的。爲人的目的，務必求得最高的至善；同時社會方面，也務必求得最高的至善。至善，便是組成有機體社會各分子的究竟目的；由此目的，便可定出最高的道德標準。

繼此，可把『自我』與社會的關係，再詳細的說一說，用以證明前文理論之不謬，且可以爲下文說明善的形式的張本。

在心理學方面，可把人類的本能，分作兩種：(一)是『利己的本能』，(二)是

「利他的本能」。如保存自己以及欲得財產的本能，是屬利己方面，如慈愛及同情，則屬於利他方面。利己本能，可說是自我的，利他本能，可說是社會的。此爲自我與社會的第一種區別。除此以外，就社會組織上說，也可以看見區別出來，如個人與國家相對立，個人與社會相對立，一方面個人有個人的權利，可以對於國家而主張之，一方面又有國家的權利，可以對於人民而強制之。可是，此種區別，實在是相對的，不是絕對的。試先就利己與利他的兩種心理說一說，我們所謂利己最甚的，當無過於保存生命之欲了，但是，一己生命有限，欲使此身死如不死，則惟求子孫之延續，因之愛護子女之本能，在哺乳類以上的動物，即已十分發達；至於人則除愛自己子女外，並能愛及其兄若弟之子，且愛及其同族同里之子。彼愛自身的，可算是自利了，若捨一己之利，以利其子，豈不算是愛他麼？愛己之子，是自利了，若愛其兄若弟之子，豈不算是愛他麼？愛其兄若弟之子，是自利了，若愛其鄰之子，豈不又算是愛他麼？試問，此等界限，如何分別？須知人類惟因一己與他人相關係，而後才能顯其生活。試觀八十老人，一命垂危，還不當萬念俱灰，一切不顧麼？然而他如果一息尚存，其自思自念，仍要繫到他的子弟孫曾身上。可知生活若眞與他人無關，則雖有自我之善，也不能視之爲善。我們除自己之善外，固是別無欲望的對象，然若他人之善，無關於我，則我又何必欲他呢？惟以他人之善，可以爲我自己之善的概念一原質，而後才可以爲我的欲望及意志的對象。況且人當激烈情緒發生時，究竟此種情緒，應歸何類，也很難說定。如愛人的心理，可以說是利他的感情了，但是，有時竟純發於利己之念。如復仇的心理，可以說是利己的感情了，但是，當實現其行爲時，竟至完全戕賊自身而不恤。可知利己利他的區別，實在是無明瞭界限之可言。

再就個人與社會，一言其異同和關係：在主張個人主義的學者，總以爲個人有獨立的權利，其實這也不過是一種假想，事實何嘗如此？小兒自呱呱墮地，以入於生人世界，即已挾先天遺傳以俱來；謂其精靈如白紙，可以由教育者之手，隨意加以色染，此實不明眞相之言。嚴格說起來，精靈入世，已早染上過去的色彩了。教育之施，本不待勝衣就傅而後，實在早已行之於兒童意識發達之前，如言語的學習，行動的倣效，道德觀念的養成，無一不取材於周圍之人羣，所謂『人於嬰孩之時，已投入世界習慣之懷而吮其乳』，此眞是不刋的名言。

況且社會組織愈複雜，則分工愈細，各分子間的互相依賴之處也愈多。如就一個工廠，一個商店說，可算是獨立一個團體了，但是，無警察以保護其營業，無法律以確定其所有證券，無市場以供給其材料，並售賣其成品，無工人及店夥以執業，無經理及技師以計畫，無交通機關以爲輸運，試問工場商店又將何以成立呢？孫中山先生，在他的民生主義講演中，駁馬克斯（

Marx）的學說，證明資本家的盈餘價値，並非盡是從工人勞動中剝奪而來，曾取紗廠以爲喻，可把他所說的大意，引在下面，做一個參考。

一個紗廠，如果要賺錢，一定要有好的出產品，出產靠原料，那就不能不把一部分的功勞，歸給研究植棉選種的農學家，又不能不把一部分的功勞，歸給辛勤種棉的農夫。製紗須利用機器，機器的好壞，與出品的優劣極有關係，所以紗廠的成功，也不能不把一部分的功勞，歸給機器師。紗的銷行，不能不靠運輸和市面，所以也有一部分的功勞，應該歸給運輸者和推銷者；而推銷順手與否，又要靠顧主的需求。這樣一分析，就知道一個紗廠能否賺錢，不是全靠工人，所以紗廠中間的盈餘，也不能完全歸功於廠中的工人，其事甚明。

再就特殊之人物一言之：古語說得好：『時勢造英雄，英雄造時勢』，如英雄而果爲時勢所造成，自然是個人受社會的影響了。至若造時勢的英雄，則是獨往獨來，純粹以新原質貢獻於社會的進步，遂能使今日世界，異於昔日世界。當他著手改革之始，以反抗社會之故，且甘心受社會的非難窘辱，必待到了改革成功，社會始一改舊態，因而受羣衆的謳歌崇拜。如此特殊人物，總算是自造社會而不爲社會所造，可以說得個人獨立了，可是，細加考察，則知彼之所以能爲英雄，所以能爲特殊人物，並非把自己分離於當日時勢之中，正因爲他自己能與當日的時勢相結合，才能創出偉大空前的事業。蓋這一等人，確是先知先覺，眞能先看明時勢的需要，而又憫社會之不能自達，於是遂卓然立於時勢之上，以指導者自居。若以其距時代的精神而論，實在是比較衆人爲近。可知此等特殊人物，也是受社會的影響。

以上所說，皆是證明自我萬不能與社會相離，個人的行爲，就是社會的行爲，個人的善惡，也就是社會的善惡。若離開社會而專言個人，則所謂『自我』一詞，也就幾幾乎無從存在。那末，我們可以說：自我，就是社會的自我，道德的目的，就是社會的自我實現。至於社會的自我，何以能實現呢？則又不外在許多欲望的特別性中，表現出統一性。欲望的統一，便是自我的滿足。自我的滿足，由自我善行以達之，所以善行與目的，二者幾如一物而不可分。其表現出來的時候，在自我客觀的一方面，則一切欲望，必能保其統一，在社會客觀的一方面，則一切制度，必能保其秩序。自我的行爲，與社會的制度，能兩方相應，在個人便是自己之善，在社會便是公共之善，二者實在是一物的兩方面。求得最高的自己之善，則最高的社會之善，同時也可到達。世間或無最高的善之可言，然而人生道德的目的，則不能不懸一最高之鵠的，以期公同赴趨。這就是至善，這就是最高的道德判斷標準。

上文所說的兩大段，固然是爲辨明善的特質而設，可是，對於善的形式，也就無異順帶的代爲表明了。所謂善的目的，是由善行以表現。善行可以分成二類：一爲出於個人的欲望的整理調和，是即所謂『德性』，也可簡稱曰『德』；一爲附著人類有機體的社會各種事業，是即所謂『制度』。因此就不免要論到善的形式，而涉及道德的分類問題了。

當未討論分類問題之前，還要預先說幾句關於釋名的話。現在有三個名詞——一是『善行』，二是『義務』，三是『本務』，要把他解釋一下。善行是上文常常提到的，究竟他的定義，是怎樣下呢？今可以通常之語表之，說：『善行是爲追求公善的目的，整理並調和特別的欲望，使之統一，以實現自我，滿足自我的行爲。』就此一語以觀，其間實含有兩個意義：(一)是不抑制情欲，而能以理知來指導情欲；(二)是不偏重個人，而能由個人自己的善，以實現社會公共的善。義務又怎樣講解呢？對於義務，可以認爲有兩種意義：(一)是完全與善行同一；(二)是偏重在理性方面，甚且近於直覺，以爲分所當爲不得不爲之事，便是義務。此和中國所謂『分』或『職』的涵義相合。（如爲子一定當孝，爲弟一定當敬之類。）本務的意義，如杜威所說：『善有兩種，一爲直接的，滿足欲望的；一爲間接的，服從理性的。此二者常相衝突，本務即緣此兩種相反之善而起，常立於這兩者之中間。其作用，一方面追求合於理性的善，一方面改變欲望之自然要求。這是本務第一種意義。就這個意義說，本務爲欲望與理性之調和者。此外還有一種意義，與『是』或『對』的觀念相符，如說某人履行本務，就是說某人所行之事不錯。就這個意義說，本務並不起於理性與欲望衝突之時，本務本身，即合理性的善，行本務，即行善，合於本務之行爲，即善行爲。』照第一種意義講，與上文所說的『善行』的定義及『義務』第一種的解釋，大致相同；照第二種意義講，則與義務第二種的解釋相近。

三種名詞的意義既明，於是就可以專論分類問題了。

若就善行以區分善的形式，如前文所言，可分成兩方面：㈠是欲望系統方面，(二)是社會制度方面。可是，就制度方面以區分條目，實在不是容易的事，且恐易涉入社會學的範圍，無已，惟有就德性上略爲區別，但此也頗不容易。在中國古代儒家，曾有『智仁勇三達德』的分劃，『仁，義，禮，智，信』的分劃；在西洋古代柏拉圖，也有『智慧，勇敢，節制，正義』四者之判別。但均未免稍嫌簡略。若專從心理方面排列，則又覺不勝其繁。是以對於分類的要義，(一)不可過疏或過密，(二)當從自我的有機的部分，加以分劃。

據英國模爾海特的德性分類法所指示，是首列出兩種定則。

(一)謂各種德目，皆彼此爲有機的關係，絕非各不相容；因分德性爲『知力的』，及『道德的』二種。屬於知力的德性，則用以處理客觀世界中事物與事物的關係；屬於道德的德性，則用以處理人與人的關係。

(二)謂一切德性，皆是互相關係，如欲勇敢者，不可不節制；信實之德，也可用之於愛眞理；爲人之德，就是爲己之德的擴張。

模爾海特，且列有一表，茲一併附錄於次。

善行

- (甲)知力上的德性
  - (一)應用眞理於生活的
    - 廣義——智慧
    - 狹義——謹愼
  - (二)傳達眞理的
    - 靜修
    - 公平
    - 忠實
  - (三)追求眞理的
    - 精密
    - 專力
    - 公平
    - 眞誠
- (乙)道德上的德性
  - (一)爲人之德
    - 施於有意的關係中的
      - 敎令或黨派
        - 他人——寬容
        - 自己——信仰
      - 社會——禮文等
      - 職業——償債等
    - 施於無意的關係中的
      - 人類——博愛
      - 國家——愛國心
      - 鄰人——公心
      - 家族——孝友
  - (二)爲我之德——自制
    - 勤
    - 儉
    - 勇敢
    - 自尊
    - 節制

若就中國古代倫理學說中，分其德目，具有條理的，則有范靜生先生所著的倫理學精義。范先生的分類法，一是專就義務，以立其綱領，一是專就德以分其條目。今試就其所言，列爲兩表如次。

(甲)表

- 義務
  - 對於自身的
    - 養身
    - 修身
  - 對於家族的
    - 父子之義務
      - 子對父
        - 愛身
        - 養親
      - 父對子
        - 教養
        - 慈愛
    - 兄弟之義務
      - 敬愛
      - 讓財
    - 夫妻之義務
      - 尊重婚嫁之古義
      - 不能諉解多妻之制
      - 有別之義
      - 貞節
  - 對於社會的
    - 師友之義務
      - 對師——尊重
      - 對友——忠信
    - 社會義務之要質
      - 公
      - 愛

- 對於國家的
  - 國家觀念
  - 法律觀念
  - 服兵役
  - 納租稅
  - 受教育
- 對於萬有的
  - 對於天地——畏天命
  - 對於萬物——仁愛

(乙)表

- 德
  - 知之德——
    - 智
    - 信
  - 情之德——仁
  - 意之德——
    - 義
    - 禮

第二節　道德標準的變遷與進化——道德進步的三大原則

本書在前文第一編總論第一章第四節，對於道德的特質，曾經將變與不變的要素，略爲說明，但此不過僅僅示其概要。玆當論究道德標準，行將結束之時，用再特別表明出道德進步的三大原則，以見最高道德標準，究竟是什麼樣的東西。至於本節標題，則仍用變遷與進化二語。本來變遷與進化，是一貫的，不變則不能進。在中國古籍中，如一部易經所講的，多是關於變易的道理，惜乎當時科學觀念，不甚發達，所以只能說到變易，却未能將由變遷而進化的理論，十分透澈發揮。

宇宙間一切生物，是因變而化，因化而進，一切人事，也是因變而化，因化而進，其理原屬相同。其所不同的地方，則人爲理性的動物，富於創造的理想，其變，其化，其進，不是純粹居被動的地位，有時且能居自動的地位，所以關於人事，確有創化的原理在內。道德行爲，是屬於人事的一部分，自然也不能違乎變遷與進化的法則。道德變遷進化的總結果，便是道德的進步。

道德可分成三方面：(一)是道德的內容。道德內容，本來不是一定的，同一德目，意義則古今深淺各殊，範圍則古今廣狹不一。(二)是道德的目的。人類生活，總是向上發展，向一個進化目的，依序前進。人類因爲維特公共生活之故，乃有所謂道德。故就道德目的以言，却是一定的，由一定目的所表現的現象，便是進步。進步有一種法則可尋，便是道德律；無論那一種民族，無論那一種民族的道德生活，皆不能與道德律相悖。(三)是道德發展的原因。道德既向一定的目的前進，則其前進發展，必有其所以然的原因。本來道德是人類行爲，對於有機組織的社會，發生利害關係以後所特著的現象，可以說，道德是人類特有的產物。人既是理性動物，意識特別發達，一方面踐履德行，一方面又能體察德行，體察結果，便可以加入理想，以發揮道德的特性，促進道德的發展。所以理想乃是道德發展的原因。道德內容所以有變遷，就是因爲他能接受人類理想，受理想的支配。道德受了理想的支配以後，便可一依進步律，時時發生變遷，時時向前展進；變遷不已，展進亦不已。人生究竟目的，至善的最圓滿境地，雖說是愈進愈遠，而特殊動物富於理性的人類，總是始終『鍥而不舍』，一步一步進向前去，不怕艱苦，不辭勞怨，只要是地球一日不枯涸，人類一日不滅亡，而道德生活的進步的現象，總是存在的。

由此便可將道德標準，定出三種原則：

(一)就其內容以言，則道德標準，是相對的；

(二)就其目的以言，則道德標準，是進步的；

(三)就其發展的原因以言，則道德標準，是理想的。

下文當本此三端，分別論述。

道德本是爲適應人類生活，維持人類生活，滿足人類生活而起。人類生活，是因時而異，因地而異的；所以道德標準，看似絕對而不可易，而一考其實際，則殊不盡然。就中外各民族的歷史，舉一舉實例，實在是很多很多。古代歐洲斯巴達，生出嬰兒，如其身體不強健，即毅然殺而棄之。在當時，不但不以此爲不合人道，且以爲這種辦法，是爲保存社會，因而從道德上加以獎勵。到了中世，因宗教相爭，往往有虐殺異教徒之事，其狀雖極其慘酷，亦復認爲當然。蓋以爲不如此，則不足以表示信仰的形式，維持教義的尊嚴。頗聞長老言，從前中國某某省近水之地，有棄溺女嬰於河內的，無水之地，亦有從城頭上擲殺女嬰的。在彼因生計艱難，甘悖動物愛護子女的本能而爲之，未嘗不認此爲維持生活的必要方法。個人雙方決鬬，本是違反國法，爲犧牲之遺，但近世西洋有名政治家，因決鬬而犯罪的，亦並不因此而損其名譽。中國人之畜妾婢，明明是違反人道，而在古代治人階級，且多以此爲當然之事，雖至今日，其風猶未盡革。

不但維持社會的道德是如此，就是屬於社會生活基礎的道德，在今日所認爲萬分重要的，在古代亦竟認爲不必要，甚且竟與今人普通觀念，完全相反。古代歐洲斯巴達，以尙武爲舉國教育方針，對於小兒，往往誨其竊盜。如某說部所載的一段故事，謂：『有一兒盜一狐而遁，藏入懷內，恐怕爲旁人發覺，故作靜鎭，雖至胸前之肉，被狐爪裂破，也不肯放手。當時一班長老，對於這一個小兒，無不大加讚美，說他是如何勇敢，如何沈毅，如何機警。』那末，他們對於竊盜之事，不但不以爲罪，而反以被人發見爲罪了。這樣看來，豈不簡直是逆理麼？可是，我們略略推想斯巴達人當時的生活，恐怕是不但不以此等事爲逆理，且視此等事爲極有價值。蓋以爲小兒能如此，才可以造成一種有能力的健全國民，才可以抵抗強鄰，身任戰鬭。可知我們對於此等事，絕不能應用今日的道德標準，加以判斷。因爲斯巴達小兒之所謂德，是用他們自己的標準，以自行判斷，並不是用二十世紀文明國小兒的標準，以行判斷。還有目前一例，如各國峙立，不能廢兵，因聚若干青年，日授以殺人之術，並創設製造工廠，以製造殺人利器，一旦邦交破裂，相見兵戎，砲火連天，尸橫遍野，凡受國家獎勵的，皆是殺人最多的人。若就世界主義，人道主義來看，又何嘗不是大大的逆理呢？但是，在國家主義之下，強鄰逼處，外侮紛來，爲維持他的國家生存起見，却又不能不認此爲必要的方法。總而言之，我們所謂德，所謂善，實在皆是因時而異，因地而異，所以說，道德的標準，是差異的，不是齊一的。

道德標準的差異，實在是無可如何的一件事。可是，絕不能因標準差異之故，遂謂道德是雜多而不純一，甚且謂其不便於社會的發展。要知道就德性的形式以言，還是單一的；何以呢？因爲我們所謂道德，並不是服從一種法律，乃是追求一種目的。這種目的，便是『全體之我』的實現，就他方面看，也就是所謂社會的公善。道德律中的統一的原則，實在是捨此目的外，無從指認。

於此可知道德標準的內容，容或不同，而其所以爲道德標準的根柢，則無論何時，無論何地，皆是一樣。以文明民族，與野蠻民族相較，其道德內容的差異，相去幾不啻天淵；然而一個『永久之我』，與『暫時之我』，必定是認爲兩相對立。換一句話說，就是表面之我的滿足，與高尚及眞正之我的滿足，必定是認爲不能同樣。試舉一個例子來說罷，一羣蠻人，攻佔一個城市，對於城市以內的子女玉帛，本可以隨意掠取；然而彼等絕不敢爭奪其最大部分，必待受酋長之命而後，才敢分配。蓋不如此，則他們一羣團結的精神，必無以自保。難道蠻人還有道德可言麼？可是，他們竟能以服從酋長命令的一種較高等欲望，抑制他隨意掠取的下等欲望，這不能不說他是善的觀念的表現了。以游牧人種的生活，本在於攻掠，而仍能以服從酋長命令的一種道德，用以維持他們生活的安全，依此例，則上文所舉斯巴達小兒竊狐之事，也就不難得着一個相當的說明了。蓋斯巴達的長老，所以讚美小兒行動，認爲有價値的原故，正是因爲他能忍痛自立，能以暫時之我，殉其較永久之我。如此形式，實在是有關於道德的秩序。如蠻人，如小兒，可以說，他是確能忠於此種秩序，以求眞我的實現。

由此以言，道德雖是因時因地而異，但若究其淵源，實皆出於同一根據。觀以上所說，大致己可明白了。所以論到道德形式，仍可以說是單一的，是終古不易的。

還有一層，應該辨明的：就是道德標準，雖然是含有相對性，但也不是不能與絕對性相調和；並且這一種相對性，乃正是道德判斷確實性的必要條件。蓋我們平常所認定某善行，是一種不可不爲的義務，實在因爲我們在社會上居特別地置，對特別事情，乃能證明不可不爲的理由，因而此種義務，乃爲我們所不可避免。我們時時有社會的事情，也就時時有當爲的義務。凡是義務發生變化，絕非偶然而至，其與社會的事情，一定是具有有機體的關係。不妨再取上文所舉之例，一爲說明。如某處棄殺女嬰的習俗，溯其起源，當然是爲生計艱難，勢不得不忍痛出此，用以維持社會的特別形式。可是，男女平等之觀念漸明，自然就知道此等事，與人道大相悖謬，因而乃有『育嬰堂』制度的設立。到了此時，不惟對於貧不能育之女嬰，由社會設法代爲養育，即凡私生子女，亦不欲任其抛棄荒野。蓋認明社會的負擔，與人道的違反，兩者相較，利害何若，毋寧以人道爲重，而以社會擔負爲輕。又如虐殺異教徒之事，其初原起於國家及宗教同盟，以爲對於宗教有所懷疑，實大有妨害於社會秩序。可是，到了思想自由之說，深入人心，則對於社會公善的貢獻，轉而覺其優於信仰的統一，因之觀念一變，遂咸以此事不德。由此兩例以觀，可知社會生活，在進化的茫茫長途中，是時時變更其形式，道德是代表社會組織的性質之物，自然也是不能不與之俱變。

如上一段所說，道德標準，是在變化中含有統一的原則，其所以有變化，所以要統一，皆是由於時勢的必要。可是，講到這個地方，又不能不發生一點疑問了。什麼疑問呢？就是說：『道德的變化，既由於社會的變化，而社會的變化，又不過是由於外界的有效原因，那末，道德豈不是僅爲維持社會的變化而設的東西麼？既說是道德標準的變化中有統一性，又說是個人的善，存於社會的善，那末，所謂公善，還不是偶然適於周圍環境的行爲麼？又何嘗是彼此互相連結，可以指出一個普徧的善，或絕對的善來呢？由此看來，所謂道德標準，除去行爲適於某一種偶然事情外，也就無從追求了。』

欲答這一個疑問，不能不根據進步的觀念，細細來解釋一番。

我們爲說明道德的判斷，因而求其統一的原則，此原則，可以表以三種語式：(一)『行爲的目的』，(二)『行爲的標準』，(三)『行爲的理想』。由此原則，便可以知道一切判斷，皆是互相關係，且與社會的動物之人類生活相關。新疑問之由來，則以此種標準中，常發生許多變化，因而不能不問明此種變化，是不是究竟的事實？還有一層，這許多相異的標準，是不是如許多相異的判斷，可以由一個標準說明，示各種標準皆關係於有機體全體的一部分？再詳言之，是不是道德於社會組織的性質外，具有更深的意義，可以由此在特別行爲及人類歷史所示普徧的目的間，成立一種關係？欲解釋此個難題，只可求之於進化論派所示的進步概念。所謂進步，乃是趨向於一種目的的進化，這種目的，就是調和及說明階級統一的原則。歷史之所以和『年代紀』不同的原故，就是因爲他所紀的，不僅是變化，還要記他的進步及生長。由進化論的指示，不但示我們以進步的概念，並且示以進步的法則。此種法則，以通常之言語表之，就是說：『社會是不斷的起分化及統一兩種作用，日趨向於高尚富有的生活形式。』

進步的法則，也可以簡稱之爲『進步律』。進步律曾由斯賓塞爾表示出一種簡單公式，說：『由渾淪散漫的統一體，變而爲畫一凝固的複雜體。』這種道理，的確可用生物學來說明。蓋就動物進化的程度以觀，從純一無體制的阿米巴，經魚類，爬虫類，到了具有複雜體制的哺乳動物，且至今日的人類。社會有機體的進步，也是一樣，其初皆是單純的，不可分割的，後來自然就漸漸複雜起來了。

就各國國民看起來，有是在數百年前，還是在森林中做一種蠻族，今日已成爲偉大國民的，有是昔爲亡命的奴隸，今日已成爲俊秀民族的。文物既進，道德自然也與之俱進。在古代盛行傳說的道德，對於昔賢往哲，一言一行，無不奉爲圭臬，終身服膺；迨哲學者創爲反省的道德，則道德更覺進步，因此便由散漫的純一體，一變而成凝聚的複雜體。在一方面，則爲分化運動，由一個原則，可以分成若干細則，在他方面，則又日趨於統一，由外面盲目遵守的信條，一變而爲內面意識的統一。

再就道德普徧的秩序看起來，其間進化之跡，也是十分顯著。蓋僅由特別時代，特別國民以觀，有時還不能證明道德標準的差異，即爲進步律所決定。若進而考察道德的全體，在人類歷史中，進步之跡何若，則知義務的觀念，實在是隨時擴張，而種種新道德，又復隨時加入。如最初家族制度確定，自然就發生『孝友』『敬長』之德；繼而貿易有無，商業制度發生，自然有『信實』之德；又近而成了政治的組織，軍事的組織，於是復有『尊君』『守法』『愛國』『勇敢』諸德的產生。至此代表公共精神之德，乃因之得以加入。自是以後，諸德日日分化，日日統合，因而昔日家庭及部落的一小部分法典，遂至發展而成市民及國民的理想。中國由三代以至秦漢，西洋由希臘以至羅馬，其間道德的變化，前進的行跡，顯然可見，大概皆是這個樣子。

若再就特殊的德性，舉出數種，一爲說明，則其例尤著：如中國『孝』的一德，在周代儒家，已經特別注重，漢以後，君權擴張，竟把君父視爲一體，於是孝的分量更重。可是，往往捨實務虛，不免流於形式。到了現在，如孫中山先生一派的學說，則又欲將孝德的範圍，力謀擴充，將孝德的意義，力求深邃。蓋彼既欲化家族爲國族，則昔日孝道，僅行於家庭父子之間，也就不妨擴而行之於社會了。此種說法，在中國實際社會上看，本來也很合理。如一家之內，奉養父母，追念祖先，以期無墮祖德，克振家聲，盡顯揚之道，存堂搆之思，這是專就血統上一派相傳的家族，以行孝道的；可是，除血統以外，又何嘗不可以行孝道呢？木匠是供祀公輸子，商店是供祀管子，從前私塾，皆供祀孔子，山西籍的商家，皆供祀關公，其意無非因敬仰其道德，事功，才能，取其能作謀生做人的模範，足以昭示後人；如此，又何嘗不可以說他是孝道呢？生我的祖宗，固是水源木本，不可以忘，自然是十分重要，而社會一切文化，賴有許多先民，經營締造，以貽我後人，使後人生活，日趨於豐富，其功又何可沒？我們做後人的，又何嘗不可以對於已往的聖賢豪傑，仁人君子，行其顯揚之道，時存堂搆之思呢？又如『忠』之一德，若只限其對於君主一人，則意義也就未免太淺，範圍也就未免太狹了。在昔曾子已有『爲人謀而不忠乎？』之言，可知忠德不一定專用以對於君主；今日民主國家，君主已經永遠消滅，難道忠德也可因君主消滅，就隨之消滅了麼？我們爲國家做事，仍然可以說忠於國；爲朋友做事，仍然可以說忠於友；爲團體宣勞，仍然可以說忠於團體；爲職務盡力，仍然可以說忠於職務；爲學問研究，仍然可以說忠於學問。又如『勇敢』之德，在昔日僅認爲對於恐佈心的抵抗，可以冒險而行；但是，到了今日，則令人發生恐怖心的事實，特別增多了，而可冒與應冒之險，也不一其種類了。其分化作用，日益增加，宛如下等動物的體制，進化而成高等動物。是雖呼之以勇敢的舊名，實則範圖已大大殊異。如果眞是有一部分的性質，比之從前，大不相同，那末，也不妨另加以一種新名。比如因危險而成痛苦，因痛苦而生恐怖，因恐怖而起抵抗，此乃一般勇敢根德的普徧現象，倘使在今日苦痛之概念中，不舍身體上的痛苦及敵人所加我的痛苦，因而有抵抗此等痛苦之恐怖心的新德起，自不能不加上一個形容詞，叫做『道德的勇敢』了。即如前文所說孝與忠，又何嘗不可加以新名，叫做『廣義的孝』『廣義的忠』呢？

由此以觀，凡是一種道德，因時代的更易，社會的變遷，思想的改進，往往由其所佔面積之廣，知其屢起分化，同時知其意義之深，又復與以統一。分化與統一，看似相反，實則兩者是互相爲用，携手同行；並且諸德之間因形式互相關係，時時有新意義發生。道德作用，本與社會作用相適應，草味之民，社會無分業，無等級，只有飲食，男女，狩獵，戰鬭。是以雖有道德，極其純一，內部則絕少凝聚之力。人文旣進，分業大行，社會組織，日趨複雜，人與人交互間依賴益深，社會遂由散漫而入於凝聚，道德自然也隨之而起變化。

至講到人類全體，雖說國異其俗，人異其能，但就歷史以觀，人類生活的進步，已復不少顯著之例。如奴隸變而爲傭工，君主變而爲民主，因國際間的同情，復有種種同盟，以資聯絡。世界大同，雖說爲時甚遠，但是，人類理想的進化，已有隨社會變遷，日日向前展進的傾向。由此以觀，已足表示各時代道德的標準，是與其時其國的事情相關，非道德偶然的孤立的現象，實在是道德秩序進化中的一種境地了。

可是，講到此處，又不免有了第二種疑問發生。什麼疑問呢？就是『如前文所說的義務，是在於自己對道德秩序的興味而視之爲善，試問，此等興味，何以能加於道德秩序呢？如謂道德進步，全是爲適應周圍環境及「適者生存」的自然律所决定，並不關於人的自由選擇，則現在的道德秩序，又何以能視之爲善呢？』

欲解答此種疑問，當然要深入道德進化的淵源問題，似不能僅依生物學進化論所解釋的，即認爲滿足。蓋此問題最重要之點，就是說：『道德標準的擴張，是否僅由適應周圍環境的機械作用，能把他說明呢？還是另有一個自覺的知力，使粗製的材料，可以漸次發展成社會關係的系統，而於其生存發達之中，發見其善呢？』如是認進化僅爲自然的結果，則我們自可仍應用進化論的批評，以求其解釋；如謂進化的結果，不是意識的目的的原則，則義務觀念，必毫無根據，雖設想普徧的道德秩序，亦終不能說明。可知道德的進步，絕不能僅認爲適應周圍環境的結果，由有效的原因來說明，還應認定道德進步與主觀意識的目的或意識的理想有關；而周圍環境的變化，與人類所以適應環境的方法，乃更是用以促進自己實現的手段。所以要滿足解答此種問題，不可不研究自我或意識的主觀與客觀的世界，雙方關係如何。

從前論意識的『我』與客觀世界關係的人，總以爲我們人類外面的世界知識，是從外面得來，因之認定我爲接受外來感情感覺及觀念的受動的容器，人類所以能進步，則謂由於貯藏及分類的作用，隨時利用其所容之物。這樣說法，看似有理，但一爲反省，則知其與實際情形，絕不相合。玆試取知識中最低原質的『感覺』一端來說罷：我們由外面的世界，分解成感官的刺激，外界刺激有差異，則我們的感覺，亦有差異。就刺激的差異，又得分解爲喚起刺激振動速度的差異。刺激的速度低，我們僅能用觸覺知之；如其速度增至一秒二萬次，便是有音的感覺，至一秒四萬次以上，又不能聞之。若振動更增，則又生光的感覺，由赤色經過黃綠藍紺以至於紫；自此以上，便不能與視官相適合，而光覺亦隨之消失。由此以觀，我們人類的感官，本是從不分明無區別的材料中，造出分明區別的世界；雖說感覺的世界，爲人和動物所共有，但此不僅是外界宇宙的表現，也是感情的動物，自己性質的表現。

我們也並不一定說，人類的知識，僅由內面的意識造成，不必由外面的刺激，但是，對於世界，絕不能僅認他爲受動的容器，此則可以斷言。蓋自有人類之始，意識已爲解釋一切世界記號的能動的原質。世界記號，適如電碼一樣，絕不像鏡中的影，火漆上的印，倘若不是意識用他的自己原質來解釋，便覺毫無意義，並且此種解釋，也是由意識自己來供給的。所以與其說是僅由外界材料所造成的宇宙，毋寧說是自己原質的記錄。此種記錄，可以說，不是外面獨立的世界記錄，乃是人類內面能動的意識與外面刺激聯合變化而成的記錄。講到這個地方，便可得着一個結論，說：『人類意識，是人類知識中能動的原質。』

人類既具有能動的意識，自然和僅具感情的動物，截然不同。其截然不同之點，可以用『人格統一』來表示他。所謂人格統一，就是能把內面的經驗，統一起來，以爲增長新知識的胚胎。此乃是意識作用的根本原則。意識本此原則以解釋外界所供給的材料，即認定此等材料，爲統一的全體。此雖在意識初現時代，亦必要求外界的知識，與此理想相合。是以縱爲文化極低的蠻人，和知識蒙昧的小兒，至少亦必能預想世界之物，並立於一空間內，其事變繼續於一時間中。須知此等預想，絕非經驗所能與，實在是以此理想包括經驗的材料。此乃意識第一步的努力。所謂知識進步，即由於此等經驗的統一，絕不是僅由外面經驗的積累。知識自己本性所要求的，就是知識以他自己所有統一的理解，表現於外面的世界。因此我們可以斷言：進步是起於內面的，不是僅僅成於外面的；凡外面起了新對象及事變，僅可爲知力發達的機會，絕不能爲發達的原因。蘋果落地，乃發明引力法則的機會，至其原因，則仍是牛頓（Newton）心中所存太陽系統的統一理想。所以若無意識以爲世界統一理想的根據地，則知識進步，殆將不可能。惟因一切新材料，皆以意識自己的理想來解釋，由此以孕育新知識，而後進步始可得而言。於此更可以知道科學不僅是經驗的概括，及由此概括結果的演繹，實在就是意識的實現，所以科學的搆成，也就是意識內面性質的反射。

茲試取良心與意識相比例，用以說明內面意識能動的原則：本來良心在實踐世界，和意識在知識世界，是一個樣子。意識，是『自我』實現於知識；良心，是『自我』實現於行爲。人類客觀關係的對良心，猶之乎外面經驗世界的對意識。倘無精神解釋力及創造力，則外面世界，不過僅是神經運動的一團。倘無良心的解釋，則社會的關係及制度，也不過僅爲物理的事實，倘何有道德上的意義？惟因其有意識的『自我』，用其理想，以產生出統一經驗的世界，因而就以此理想的實現，爲知識的原則。良心所用以爲解釋外界事情的原則，就是道德關係的統一的理想；自然也就以此理想的實現，爲行爲的原則。所以知識的進步，不是起於外面的，乃是自己理想所要求的結果。道德的進步，也不是自己求適於外界的，乃是良心的解釋力及創造力，於外界新事情中，發見自己合理的統一的行爲，理想實現的機會。

再就良心對於社會周圍的關係言之：人類因爲是意識的動物，良心的動物，所以才能反射自己的理想於周圍，以造成社會的系統。那末，社會的系統，就可以做客觀化的良心。良心本不能爲道德的標準，必時時與社會要求相參照，用二重的登錄法，方可免實踐上的疑難。所以良心常對於周圍發生反動，人的位置及義務，非有一定不易的分量；善良的生活，當然要求人與周圍相平均。可是，此種平均，是運動的，不是靜止的；外面有新事情起，就要因之隨時變化，隨時擴充。良心於此種境況之下，必定要求其更遠更高的實現。就是新興味中，有新興味起，良心必起而追求之，以一變其周圍狀況。所以一個人於某一時某一地的義務，得以社會的關係，把他表明。人類因爲是高於動物，低於天神，不能於生活進行中，發見出自己完全實現，常求新機會，以求發展其人之所以爲人的優點，正是因爲人類常有超出於原有位置的觀念。自己及社會所以能發展，能進化，皆是因爲此等觀念，做一個指導人，使人類不斷的入於新社會的結合。

以上所說，純爲證明人類道德進步，是由於人類的理想；人類理想，是發於內面的意識。因爲意識作用，是能動的，不是受動的。惟其能動，所以才能時時對於社會周圍新起的事變，用自發的解釋力，創造力，與之結合，以起變化。因以改進舊生活，得着新生活，使自己及社會，皆同形進步；所以說，道德標準，是進步的。進步是由於理想；所以又可以說，道德標準，是理想的。一切生物的進化，也不能說沒有意識作用，存於其間；可是，人類的意識，則絕不同於其他動物。他是具有能動的理想力，遇着周圍新機會發生，便可以充分發表，絕不能和僅僅適應外面勢力，被動而不能自動的生物，同年而語。此是道德進步的最根本最重要的一點，萬不可以不辨。

道德進化的淵源，既是由於人類理想，那末，這種理想，對於增進人類生活的目的，究竟是存於社會的福祉日進呢？還是存於自己的品性日高呢，因解答此問題，遂各趨於一方面：凡是偏重感情及理想的，多主前說；凡是偏重意志的，多主後說。兩種主張，固然各有利益，但也各有流弊。前說重視社會福祉，其對於社會熱誠，固屬可取，但對於個人品性的修養所認爲一切社會福祉的本源，因急求福祉之故，乃反淡視，却不能說沒有危險。後說則重視個人意志及品性，但對於一切善的形式，表現於社會的特質，皆略而不論。因此全體觀念，皆爲一種神聖觀念所犧牲；此則短處亦頗不小。須知個人品性，與社會福祉，本來不能離而爲二，對於上述兩說，當然要認他是互相關聯。品性高潔，意志強固，惟對於社會生活，具有高尚興味的人，乃能表現。在他一方面，人果不以社會的進步爲一己的興味及責任，而純以預言家，或傳教家自居，則道德進步，又如何能夠成功呢？

繼此，還有兩個問題，也應該附帶的一爲討論。

(一)進化論上所謂生存競爭的原則，是否爲道德進步的原因呢？

因爲生存競爭，便有自然淘汰。在進化論者，總以爲自然淘汰律，既行於生物進化之中，則人類社會進化，自然也不能與此律相違；可是，其間却大有差異。謂人類當發達初期，凡是適於生活環境的，得遂其生存，若是不適的，或至滅絕其生命；此或爲不能免之事實。但是到了後期，則事實却又不能不變。如昔日猶太(Judaic)人，戰勝迦南(canaanitic)，竟至盡滅其種族；迨至希臘羅馬征服異國，則已無此等慘劇了。其所以差異的理由，則因人道的感情，日益發達，視兩國爭鬪，非盡爲機械的集合體的國民之爭，乃社會上道德上的興味之爭。戰勝國的願望，並不在滅其種族，而在戰敗者，轉以同化於我。此種事實，在中國古代早已有了，所謂「弔民伐罪」，自然只圖「殲厥巨魁」，絕不在滅其民衆，就是對於四周異族，亦只取其土地，從不主張虐待其人民。至於本着哲學學說主張「義戰」的，更是不一而足。中國幅員極廣，數千年來，所有四周圍文化較低的民族，皆能附合於漢族，就是因爲這個緣故。

可是，今日歐洲持帝國主義者，仍復處處本着侵略的野心，如英之於印度，法之於安南，既滅其國，又虐其民，雖號稱文明國民，未嘗不受進化論學說的餘毒；眞不免令人慨嘆！最近孫中山先生，創爲民族主義，主張充分發揮愛國愛族心能，以抵抗世界的強暴，迨國基穩固，仍復本大同主義，扶持世界弱小民族，使之享受同等福祉，可算眞能發揮先民學說的精義了。

平心而論，若是就世界各國全體觀察起來，還算人道的理想，著著進步。野心政治家，雖具有慘酷不仁的心理，而學者學說的鼓吹，亦未嘗不具有至強之力。（如英國羅素(Russell)，就是反對戰爭之最有力者。）由此以觀，所謂自然淘汰律，絕不能盡行於社會進化之中；而所謂生存競爭，也絕不能使不適者必至滅其生命，大致也可以相信了。不過一個個人，如至不能自振，一個民族，如至不能自立，仍欲享受樂利，在理也萬不能夠，當然不能援理想進化之說，甘心爲不道德之行，用以自飾其短。

（二）經濟上的變化，是否爲道德進步的原因呢？

近世惟物論大昌，往往謂道德進步，物質爲其主因，就是說，物質周圍的勢力，可以左右道德的進行，此在中國古代法家學說中，主張及此的，所在多有。至近來歐洲學者所創的社會主義，更是根據此種原理以創與。證以實例：如井田廢而爲阡陌，農業衰而興工商；工業發展，而資本之階級起；貧富不均，而勞工之團體立。凡此種種，無一不足以影響於人類行爲，使之異其觀念，變其性質。再就中國最近的現象來說罷：十年以來，物價飛漲，生計艱難之聲，洋洋盈耳，無產階級，職業不固定，收入不確實，娶妻育子，往往視爲畏途；益以交通機關，日形便利。這種情形，影響到社會組織方面，則大家庭的制度，勢必至漸形破壞；影響到個人行爲方面，女子謀生的技能，勢必至爲一般人所重視。其他類此的，爲例更多。

可是，物質的勢力雖大，雖足以左右道德的變遷，然若竟認此爲主要原因，則殊非事實。蓋道德觀念之存於良心，猶之乎一般觀念之存於意識。外面的變化，並非道德進步的原因，而但爲理性及良心所認爲進步的機會。此種理由，在上文已經說過了。因此，我們可以知道社會經濟情形的變化，也不過是外面的一種事變，倘無內面意識所發的解釋力創造力，以迎合之，溶解之，則人類行爲，又何從而起變化呢？如民主政治，固是最適於近世的國情，勢將推行及於全球，但是，所以能造成民主國的原因，絕非原因於經濟的破壞，仍是原因於十九世紀以來主張人權的熱誠。奴隸的解放，固亦關於物質情形的變易，但在古代哲學家中，凡具有人道思想及平等思想的，早已主張及此，至近世人道主義大昌，其原因尤爲重要。

總之，物質上，果有變化發生，則道德上的進步，必隨之而起。若從表面上看，似乎物質變化，就是道德進步的主因；可是，若求其最終之故，則知實由於人類知力，應物質上的事情而起反動。所以只能認物質上的事情，是一種機會，絕不能認做一種原因。因爲人類具有特殊的意識作用，時時要超越現在以求自己更高的實現，故遇着外面有變化發生，即能迎之以起反應。就是外面變化之所由起，也有許多是由於內面解釋力創造力，日施挑撥，才能促起醱酵作用，以發生變化。可知物質是機械的，人所組織的社會，是有機的；以有機之人，駕馭無機之物，當然還是以人爲主了。

以上兩種問題，既經辨明，則道德標準的變遷進化，淵源於人類理想的道理，也就可以格外明白了。

第三節 創化的合理主義——全書的結論

前文既將關於目的的各種主義，一一略加批評，復將關於道德標準的各種原理，一一略爲叙列，至此自應歸結到人生究竟目的，以示最高道德標準之所在。現在我且不揣冒昧，假設出一種『創化的合理主義』，意在折衷各說的差異，用作全書的結束。

只說『合理』，驟視之，似與克己說相近，其實殊不盡然。在克己說，一味重視先天理性，蔑視後天經驗，判斷道德行爲，純重動機，凡此數點，仍是棄而不用。若是注重內面反省工夫，注意人格的實現，這兩點則不能不認其大有價值。

只說『合理』，又似排斥快樂，蔑視功利，其實也不盡然。理性所以能表現，萬不能離却情欲。情欲在人類生活中，本佔重要的地位。無情欲，尙何有生活及行爲之可言？所以必用理知來整理情欲，才能得調和統一之效，以實現眞我。故對於快樂說，也認爲有一部分可取。

進化的快樂說，自然足以補助快樂派的不逮；證明人類生活，不能脫離社會的關係了。人類社會的組織，本是一種有機體，無社會則人的地位，也就無從表現。進化派，能發明這一點，可算對於倫理學，有絕大的貢獻。惟彼視人類如生物，忘却人類有特殊意識，特殊理知，在社會進化中，具有內面創作的知能，此則是其所短。所以對於他可取的一部分，既然要採用，對於他不滿的地方，也不能不加以補苴。因此不言進化，而特言『創化』。

既採用快樂克己兩說之長，以組成合理主義；更取進化說一部分的眞理，參入近代心理學及社會學的精義，因而於『合理』二字上，復附入『創化』一詞，以示限制，用以組成『創化的合理主義』。區區之愚，總想本此主義，以求出人生究竟目的，定出最高道德標準。惟能否如其所期，殊不敢說。

以上所述是爲創立『創化的合理主義』的大概情形。此下當再詳細說明其特質。

茲試先就合理一語，略釋其義。據模阿海特說，合理一語，有三種意義：

(一)先天的之義——謂知識自具於心，不待經驗而得。

(二)演繹的之義——凡科學用演繹法研究，皆謂之合理的，反此，則謂爲經驗的，或歸納的；此是從第一義出，而稍加變化。所謂演繹法，可分爲二種：(1)如幾何學，由公理而演繹成公理定理，是我們先天知識，故此等是演繹的，也是先天的。(2)若是從引力的法則，而演繹行星的行動，則引力的法則，乃是由經驗而得，故此等演繹，則不能說是先天的，乃是經驗的。

(三)理性的之義——凡對於理性動物特質，皆可稱爲合理的。蓋合理的一語，實與理性之語，用作形容詞時，完全相同。

此處所用合理的意義，是與第三義相近，但亦含有第二義的第(2)種演繹法。

蓋知辨的本能，雖是源於先天，然亦必待後天經驗，才能發展，才能完成。若謂純屬於先天，則認爲不合。

至論到『創化的合理主義』的特質，其主要在於『調和作用』，此種調和作用，並不是出諸自然的，無意的，乃是用人的知力以整理的。茲就最著二端，略說一說。

第一，心理的調和　人類行爲，本由動機，意志，動作，結果四部搆成；就中尤以意志最居重要。蓋動機既動，未必能即成動作，必待意志承受動機作用，而後才可發作以成行動，也就是動作非無緣而來，必有意志爲之主宰，而後動作才能屬於有意。可知動機雖爲發動之源，若無意志則無由顯，動作雖爲行爲之本，若無意志則無由著。至結果乃是動作以後之事，比較起來，更覺不甚重要了。做意志的要素，有二個重要的心理作用：一是理知，一是情欲。自來倫理學家，研究到這個地方，皆覺得理知與情欲，二者不能並立，因而就分成兩派。一派是重視理知，竟把人類看若天神一般。謂理性是先天所固有，有絕對的普偏性，有直覺的觀察力。人類欲圖道德價值的存在，必先將固有的良知，保存起來，發揮起來；並且主張要做保存及發揮工夫，必先從消極方面做起，極端的克服情欲。另一派，則重視情欲，便絕對與此說相反。謂人無情，無欲，則不可以爲人。人類道德的價值，實在是存於欲望的滿足。因此遂視道德行爲，爲求達快樂目的的手段；致使理性爲情欲的附屬，把人類的特殊意識的能力，位置降下，視人和其他動物，不甚相遠。像這兩種相反的主張，實在皆是偏於一端，不能自圓其說。我們應該本公平態度，對於理知和情欲，平等重視，務求其互相調和。固然是情欲多與理性相反，不能免於衝突，但亦非無調和之可能。蓋就情欲以言，爲人人所固有，最低級的，如男女飲食，人與動物，彼此無殊，實爲生存之本，無分庸愚賢聖，皆不能絕對廢除；還有高級的，如殖產業，如愛其同族，愛其鄰里；最高級的，如求得學識，求得真理，求人類全體的安寧與福祉，皆不能不說是情欲。可知同一情欲，實有高下之差，絕不能一概論列。我們應該把分情欲爲若干等級，使下等情欲，附屬於高等情欲，高等情欲，附屬於最高等情欲，秩然成爲系統，不相紊亂。此等作用，可叫做情欲的調節，也可叫做情欲的整理。至於講到執調節整理的主宰人，當然就要賴乎理知了。理知是時時隨着情欲，不容分離的，起了一種情欲，必使他能如其位置，不相侵越，理即寓於情中，知即參於欲內，情得其平，欲得其正，這就是調和了。道德價值如何，總看他理欲的調和，到了如何地位；人格實現如何，總看他知情的調和，到了如何程度。理知是逐漸發展的，因有發展之理知，而後才可以使情感日趨於豐裕，欲望日趨於高尚。教育作用，就是一方引導情欲的進行，一方促進理知的發達。蓋必感情理性，彼此能互通，知力欲望，彼此能共濟，始可以實現一個完善的人格。

就心理三種現象來說，有知，有情，有意。理性是屬於知的範圍，情欲是屬於情的範圍；而意志則受情知所驅遣，以執行決意，發生動作。三者本是互相聯貫，不能分開的。若只有情而無知，則『欲』便不成系統，純由盲目以進行，人不是幾幾乎和動物一樣麼？若有知而無情，則人無異乎機械，又將何以爲人呢？依我們常識所能知道的，無論極庸愚的人，極凶惡的人，他那一點理知，總是不能沒有的；但是因爲知力太小，不能做主宰，所以才人欲橫流，失其秩序。於是爲滿足男女之欲，便可以淫亂無節，爲滿足飲食之欲，便可任意掠奪。這不能怪他情欲不好，只是怪他情欲與理知，失其調和，所以才使人格破裂。至於大聖大賢，仁人君子，粗看起來，自然是理性特別發展了，可是，他那一腔義務的感情，同情的熱望，可以說，一定比常人特別豐富，這也是可以斷言的。

再就社會制度來說罷：凡是社會上一種制度，無一不是發源於人類情欲。有了男女的情欲，自然就能成立婚姻制度；有了飲食的情欲，自然就能成立經濟方面的種種制度；推而至於人的情欲，好爭鬬，便有軍事制度；人的情欲，好求知識，便有教育制度。此在上文，已經說過了。人類情欲，既然和社會制度相適應，那末，凡是一種制度，可以說，皆是爲滿足情欲而設的東西。惟人類的情欲，因隨理知的發展，時時表現出調和功用，即時時有向上進化的趨勢。無如社會制度，既經成立，不免含有一種惰性，有時便覺得與生活不能適合。這是因爲情欲受制度範圍日久，成了一種習慣，（就社會言，便是風俗。）而在知理方面，因力求進化之故，時時覺得許多制度不滿足；從另一方面看，也就是覺得有許多習慣不滿足。如何能求其滿足呢？也惟有求情欲與理知互相調和的一法。既要求理知與情欲相調和，則凡社會制度，與理知不相容的，自然就要設法去改革，才可使他和隨理知進化的情欲相適應。

第二，學說的調和　自來倫理學說，論到道德標準，皆有兩派說法：一派重視理性的，便是克己主義，因爲他注重理性，又可稱做理性主義。其論斷善惡的標準，務求絕對的普徧法則，故又可稱做形式主義。此種主義的立論，純以意志遵從理性法則爲活動的根據，因而判定善惡的標準，一以動機爲限，故又得稱爲動機論。又一派是重視情欲的，便是快樂主義。此種主義，論定人類知識，出於後天經驗的積纍，與先天理性說相反對，故又稱做經驗主義。因爲判斷道德的標準，純著眼於個人情欲的滿足，社會利益的增進，事必求其實利，無效益可言之行爲，則無所謂道德，於是此派又可稱做功利主義。此派論定善惡，其唯一的標準，在於實利；實利必待行爲有了結果，而後才可表現，故此派又得稱爲結果論。

此兩派雖是絕對相反，但也非無調和之可能。如人類行爲，由意志以表現於動作，意志兩種要素的理知與情欲，理應調和，已如前文所說，此處可以不再贅論。若就先天理性與後天經驗以言，又何嘗是絕不相容呢？人類知辨的本能，本是優超於一切動物，這也是經過數億兆年種族的遺傳，才能有此結果。然若無後天教育，以積聚若干經驗，用作發展辨力之具，則知識又從何擴充呢？所以經驗的搆成，必以先天所存在的一點知力的本能爲根蒂，而這一點知根，又必待後天經驗，乃能盡量發達。二者本是互相關係，不容偏重，亦不容偏廢的。若謂只具先天知能，無待於後天學習，固然萬無是理，即謂後天知識之吸取，毫不關於先天本能，世界亦斷斷無此事。本此理論，以應用於倫理學，便可以說，辨別是非的本能，其根蒂已具於先天；而判斷善惡的知力，必待後天知識豐富，才可達於合理之域。如此說法，豈不就調和而圓通了麼？

形式主義，偏重理性，絕對排斥一切情欲，其結果，將使道德規律，涉無實際，高不可攀，令人無從捉摸，竟至成爲具文。但他重視道德的尊嚴，注重個人的克己，其價值亦不可沒。功利主義，以物欲爲主，以道德價值，存於快樂，其結果，則未免失去道德高尚尊嚴的價值。但他能注重實際生活，重視社會樂利，且經進化論派的補正，使社會與個人的關係益明，其應用於改革社會制度，促進社會利益，功績亦殊不小。今欲使此兩說，互相溝通，得調和的實效，應該取其所長，去其所短，而以人格主義，作道德價值的中心。蓋道德之所以可貴，實在人類生活，能日趨高尚，日趨圓滿。高尚與圓滿，雖然是一指外形以言，一指內容以言，其實是一個渾圓之體，萬不容稍加歧視。如若說，生活只要高尚，不必一定要圓滿，則必流於形式，成了枯寂的人生，以致演成枯寂的社會。其結果，必至於獨善其身的君子多，兼善天下的君子少，高人多好逃逸於山林，善士不肯立身於社會。若謂只求圓滿，不一定再求高尚，則凡可以達圓滿生活之事，皆可不必辨其性質，任情以行，無稍顧忌。對於道德的尊嚴，則不必問其有無損失，對於人格的存在，則不必問其有無影響；其勢又必至於急功好利之徒盈天下，使人生日營逐於競爭之場，而忘其眞正價値之存在。最好能內外疏通，形質並舉，同一個人，旣可以獨善其身，又可以兼善天下。克己之人格，至於犧牲一己之生命而不顧，其目的所在，不僅僅表示一己人格的高尙，還是要『大我』的生活，因此得良好的影響，可以豐富其生活的內容。快樂之極，則必有己饑己溺之心，務使世界人類，皆能得普徧的利益，方可以表示一己的愉快。終日營營，捨身社會，不僅求社會生活的圓滿，還是要因此表示人格的高崇。旣要本着『先天下之憂而憂，後天下之樂而樂』的熱心，以力謀大羣的福利；又要本着『利之中取大，惡之中取小』(墨子語)的辨法，以定興利的準則；更要本着『己欲立而立人，己欲達而達人』的精神，以立作人的次序。

如此做去，便是一方面要顧到『一己心之所安』，一方面還要顧到『人我雙方之交利」。此是打破形式與功利的界域，務使一種生活，同時能表現高尙與圓滿的兩種特質，一以人格價值的存在爲標準。利己與利他感情，表面上雖似異致，但二者的根據，則皆在於人格的保存。個人與社會，本爲有機的組織，具有機的關係，個人賴社會以表示其地位，也就是賴社會以表示其人格。爲什麼要克己呢？因爲要保存我的人格；爲什麼要增進社會利益呢？因爲要實現我的人格。人格的保存與實現，是我們行爲的目的，並不一定是我們行爲的手段。我們所以重視情欲，並不是以滿足情欲爲目的，乃是以滿足情欲爲發展精神生活的手段；而最後的目的，則仍在於高尙人格的實現。惟在欲達高尙人格實現目的之前，不能不以生理——情欲之本——存在，爲人格存在的條件。譬如作文的人，是以作成富於文藝性的文章爲目的，可是，也不妨以選字造句爲達此目的的手段。如是捨本逐末，只注重滿足情欲，忘却人生最後目的，則人格當然無從表現，亦猶之乎只知選字造句，忘却作美文的最後目的，則美文自然就不能組成。因爲要做完善的生活，絕不是僅僅滿足情欲所能够的，亦猶之乎要表現美文的眞正價值，也不是僅僅選字造句所能够的。但是，再從另一方面說，欲實現一個高尙人格，如不從滿足情欲做起，僅懸出一個高尙的目標，令人可望而不可即，如『餓死事小，失節事大』，『天下無不是的父母』，『君教臣死，不敢不死』等格言，皆是示人以一定的法式，逼迫人表示人格的高尙，可是，結果則不惟不近人情，且予人以難堪。其所以然的原故，就是因爲對於人類的理性，特別尊崇，把人類行爲的本源，所以搆成人格存在的條件，一筆抹殺。再拿作文來作比譬罷，要作美文的人，既立定最高目的，也還要從選字造句入手，如若不知選字造句，空說幾句寬闊不切題的話，試問，又何能達到作成美文的目的呢？

如此說來，可知形式主義與功利主義，兩方面皆有價値，也皆有流弊了。應該把形式主義中，不顧實際，高不可攀的理性法式，减少一點，加入情欲主義，以與之聯合，庶可於高尙人格中，得着一個圓滿的生活，使人格益形健全；比如百尺高樓，基礎乃更鞏固。應該把功利主義中，過於注重實利的卑淺思想，減少一點，擡高理性的地位，使情欲隨着理性充分發展，不使其秩序紊亂，庶可於圓滿生活中，仍得表現出人格的高尙。這就是學說調和的成功。

再就克己派與快樂派判斷善惡時，對於行爲的著眼點的不同，稍爲研究一下。在克己派，因爲注重理性，所以對於行爲，評論善惡，皆好考究動機，在快樂派，因爲注重實效，所以對於行爲，評論善惡，皆好考究結果。其實二者皆有所偏。前面不是已經說過了麼？動機之所以能動，在乎有意志來承受他，結果所以成立，在乎有意志以決定執行，發出動作。所以論到行爲全部中的主要幹部，還是以意志爲主。若動機論所主張，極端主『義』而斥『利』，如董仲舒所說：『正其誼不謀其利，明其道不計其功』，如曾國藩所說

：「不問收穫，只問耕耘」的話看起來，似乎很嚴肅，很正大，可是，行之不慎，流弊也很多。如過重主觀，篤守古訓，近於消極，不知應時勢以改進，不知預作計畫以進行，偏於保守，昧於推理，責人過苛，皆是由此而來。我們要知道一個行爲有意志居中以爲主幹，也未嘗不可以把動機與結果，兩相聯合，打成一片。如是我們要去做一件事，既然有願做的動機，由動機以促動意志，此時便有感情以與欲望的對象相聯結，同時復有理知以計算到行動以後的結果。這本是一貫的，不可分劃的。人類能夠計算行爲的結果，能夠拿假定的結果，定行爲的目的，再拿目的來定方法，此正是人類和其他動物不同的地方。如董曾所說，未免錯一點了。你想，一個人專去做好事，如是事前不問一問所做的事結果怎樣，將拿什麼來做一個進行的標的呢？標的不明，可能定下一種方法麼？無目的，無方法，試問，將如何做呢？所以如董曾等的主張，只可說是書本上的道德，不是人生實際上的道德。我們要知道行爲如果是從計算結果出來的，就是結果未成，也未嘗不可以判定他的善惡。因爲我們的行動，是由意志決意執行的，至於執行之際，外面有無障碍，本非我們做行爲主體人所能預料。所以縱然行爲結果未成，但是，意志的決意，已經成立，動作已有表現，則此種行爲，對於人羣，已經不能說不發生一些影響了。我們還要知道，就是有了結果，也必定看他的結果，是否出於意志所預定的原有計算；若是不出於原定計算，則結果便與行爲的意志不符，即不能加以善惡眞正的評斷。所以從專注結果論一方面看，也有許多靠不住的地方。因爲行爲的計算，所預定的結果，只有一種，而臨時實現的結果，却有多種，甚且結果與原定的計算，大相違反，也說不定。由此看來，若是判斷行爲的善惡，專重結果，不問原因，自然也有許多不妥。若使動機與結果相聯合，既不偏重動機，又不偏重結果，專注重在意志一部分，使意志對於動機，做一個承受人，對於結果，做一個主使人，自然就妥當多了。何以呢？因爲我們對於一種行爲，可以不要一定去專問動機，還是要看他意志承受動機時，是怎樣選擇，怎樣决定，便可以明白了。我們也可以不一定去專問結果，只要看意志對於結果，是怎樣計算，怎樣策畫，便可以知道了。動機的本身，實在是距離動作尙遠，我們本來是無從捉摸的；結果雖未成立，但是他的動作主使人，所發出的計畫怎樣，我們是可以看出來的。所以講到這個地方，便覺得德國泡爾生所主張的正鵠論，確有可取的價値，並且依他正鵠論的主張，確可以做調和兩派的最好媒介，也就可以認他做一種最好的折衷辦法。繼此，可把泡爾生的學說，簡略的叙述一個大概。

泡爾生認爲倫理學的思想，發生於兩個問題：其一，『道德價値的差別，其究竟的基本何在？』其二，『人生究竟的正鵠是什麼？』對於第一問題的答案，有兩種相反的見解：一是正鵠論，一是形式論。正鵠論的見解，在考察行爲及意向的性質，視其影響及於羣己的本質及生活如何，以定善惡的區别。如是對於人類本質及生活，有保存及發達的傾向，就叫他是善；若有障碍及破壞的傾向，就叫他是惡。形式論，則以爲道德上區分善惡的概念，不關於行爲的結果，純出於意志中超絕的性質。此等性質，是確然獨立，並不由他種性質孳生，所以說，凡意志被規定於尊敬義務的意識，就是善；其被規定於反對義務的意識，便是惡。泡爾生則取正鵠論，不取形式論。對於第二問題的答案，也有兩種相反的見解：一爲快樂論，一爲勢力論。快樂論的見解，以爲人的意志，無不求快樂而避苦痛，所以快樂就是至善。勢力論，則以爲人類意志，並非以快樂爲滿足，而實鵠於客觀的生活內容。因爲生活不外乎實行，人的正鵠，須於生活動作的具體方面，觀察出來。泡爾生則取勢力論，不取快樂論。因而他自命個人倫理學的見解，爲『正鵠論家的勢力宗』，兹試從泡爾生的倫理學原理一書中，引錄數節於下，以備參考。

世人普通之見解，多近於形式論。以爲行爲之善惡，不在其效果，而在其原本之性質。其在道德界價値之區別，亦觀其意向，而不論其影響。如福音書所載散馬利亞（Samariter）人之慈悲，其於被盜之旅人，不但不能救助，而反誤害其生命，然而無損於道德之價値也。又有誹謗人者，或反以彰被誹謗者之懿行，而自喪其信用，其效果可爲至良，而誹謗之爲惡德，不以是而變也。

余答之曰：事誠如是，然此不足以難正鵠論之考察法也。正鵠論所以判定特別行爲之善惡者，不在其事實之效果，而在其行爲之性質，有可以生何等效果之傾向也。誹謗之性質，含有可以毀人信用及名譽之效果，即偶有效果相反，如上文所述者，此自有特別原因。如聞者之良心，及愼重，及具有洞悉人情世故之知識，而決非誹謗之性質所固有，是即雅里司多德所謂『誹謗者善果之偶因，而非其眞因也。』故道德者，不在其事實之效果，而在其行爲之性質所應有之效果也。

物理學中研究重力之自然律，非取實際變化無量之降下運動而悉賅之。蓋僅言重力，固未足以賅物體實際運動之各規則，然物理學固無害其爲研究重量之規則也。醫學中之研究藥劑及毒物，常規定其性質所含之效果，然當其特別之時地，則常不免有多數之原因，能變化其效果，或薄弱之，甚且有與其本質相反對者，藥劑及毒物之價值自若也。道德亦然。惟研究行爲性質中所含之傾向，而其實行特別生變化無量之效果，非所計也。故倫理學若專爲規定誹謗之效果，則第問其及於人類之影響，而已可決其爲無價値。由此例推，則如慈悲者，亦以其性質本在救人之不幸，而保存其生活，或又增進之，故得而決其爲善也。

或曰：是果無誤耶？慈悲者，不問其效果如何，而本體必善耶？很戾者，亦不問其效果如何，而本體必惡耶？然則如撒馬利亞人者，不能救遇盜之人，又或有救人之心，而卒爲貧病所困，高臥室中，將仍不失爲慈善家耶？余答之曰：然；雖然，是固與正鵠論之見解，非有所矛盾也。於是時也，其行爲外界之效果，誠不可見，而要其傾向則自若也，此其所以爲善也。然或又辨曰：吾將設一人類性質本不能救助他人之境界，如使居此行星之人，能見他種行星中居人之災厄，而無所施其救助。當是之時，苟有同情，尙足以爲善乎？彼其同情，直無益之情耳，不過於彼苦痛者之外，別增一我之苦痛耳；是誠不如不見彼苦痛者之爲愈也。而持正鵠論者，將猶以彼之同情爲善乎？余答之曰：然；於是時也，彼於不知不識之間，固以爲苟得近彼行星而救助其居人之災厄，則誠慈善之行爲也。夫學理之科學，嘗亦有類是者，吾人常不免持豫想中至正至信之關係點，度外置之，而自陷於謬誤。如人皆曰：星辰有光，若以光爲星辰特占之性質也者；然人若一用認識論之思想，則知星辰之光，自有一關係點之預想，即吾人能感覺光線之目是已。世人或又言：人類雖盡瞑其目，而星辰必仍燦爛。余答曰：然；雖然，是亦由再開其目，而仍見有燦爛之星辰，故云爾耳；使其一瞑而不復視，則又烏有所謂光點耶？行爲亦然，使人類意識，無互相影響之能力，如拉比尼都（Leibuiz）所言之元子，各各獨立而無交感之作用，則夫慈悲爲善狠戾爲惡之說，眞全無意義矣。

反對者或尙進而難余曰：事實決不如是，道德之判斷，關於意向，而不關乎行事。行事之動機善，則其意向之善可知也。蓋其意向，苟發生於義務之意識，則內容及效果，皆可不問。如康德所謂自一切善意外，別無所謂善者，是也。

余曰：此言亦非無理。蓋道德界之判斷，固必先意向而後行爲也。凡人即一行爲而定其道德之價値，則必先究其行爲何由發生，而後問其動機。有醫於此，爲人抉瘍，而患者因以致死。輿論斷之曰：彼歆於利而強爲之乎？曰：否；患者甚貧，非能厚酬之也。然則彼殆鶩虛名而妄爲之乎？曰：否；彼嘗屢試其技，而奏奇功，而茲則意外之變也。然則彼或輕心而爲之乎？曰否；彼終日躊躇而後毅然爲之，以爲此冒險之舉，實醫者之義務也。如是，則其人之行事，以道德言之，蓋無可指斥者。

雖然，猶有進：彼之抉瘍，以醫術核之，果無誤乎？此醫學專家之事也。使據醫學專家所見，彼以此時，施此險術，自足以致患者之死，則其人雖居心無他，而要不得辭其咎。於斯時也，所以判斷其善惡者，不在其意向，而在其效果。惟所謂效果者，不在其實際所表見，而在其行事之性質所應有者耳。

吾人又有不可不致意者，則於一行爲之評論，當有二方面，是也。一爲人格之評論，以主觀之形式爲對象，而關於其人之意向；一爲本事之評論，以客觀之質料爲對象，而關於其人之動作，前者專問其動機如何；後者則專問其行爲性質中應有之效果如何也。

此二種評論，本各自獨立，而易生反對之結論；常有某某行爲，以事實論之，不無謬誤，而以人格論之，則全爲無罪者。如克里斯披奴斯(crispinus)嘗盜人皮革，爲貧者製靴，果將以克氏爲盜乎？是必不然。克氏初未嘗爲己而妄取於人，特見貧兒赤足立雪中，意大不忍，遂盜富商皮革以救之。蓋克氏固守盜竊之戒者，其甘犯絞刑而爲此，誠爲不忍人之心所迫耳。克氏且以爲彼守錢虜多蓄皮革，置之無用之地，而坐視他人之寒，適滋其罪，余今盜之以餉貧兒，安知非天父之命，使余爲守錢虜贖罪者耶？夫是以盜之而不疑。然則以主觀之形式評之，克氏本於良心之命令，犧牲其身，以濟他人之厄，其意志之善，無待言矣。

雖然，行事之評論，不能限於此一方面，以其行事之本體，亦當爲評判之對象也。由行事本體而評之，則不徒問其爲果否善意，而尤當問其爲果否善行。世亦多有意善而行惡者。如克氏之事，以客觀之事實評之，不能免於盜竊之名。何則？不經物主之承諾，而私用其物非盜竊而何？凡此類行事，無論動機如何，而其本來性質，實有害於人生之安寧。苟人人以是爲口實，謂私占他人財產以行利人之事，則雖不經物主之承諾而無害，則其流弊，有不堪設想者。蓋財產制度，由此破壞，人人無貯蓄之心，而人生之安寧，亦不可保矣。故此等行事，實具有破壞之性質，此其所以爲惡，而且不免於盜竊之懲罰者也。使當時克氏對簿法庭，則司法官不能不按律處之；即立法者亦不能曲爲解免，而附設法文曰：『竊人財以施人者，苟被竊者所損無幾，而被施者獲益良多，則不論其罪』也。蓋盜竊論罪，至爲允當，非可以他故解免；惟按其情狀，而量爲輕減，則可耳。在司法官既按律論罪，則又不妨以私人資格，就其人而告之曰：『余之論罪，余甚不忍。余明知君之行事，悉出善意，而事實則害社會安寧；勢不免爲有罪。君當知余之論罪，實出於不得已也。』如是，則情理兩得其平矣。

歷史家之評論，亦常有類此者，如罪其事而不罪其人，或罪其人而不罪其事，是也。請援一事以爲證：昔刺客山德（K.L. Sand）之暗殺科次布（Kotzbul）也，（德國千八百十九年之事）據其手柬，及其友人所述之證據，誠犧牲其身以去國民之公敵者也；然以客觀之方面論之，則其暗殺之舉，不得謂之無罪。何則？充其義，則人人有裁判他人生死之權利，有一人焉，吾視爲全社會之害，吾得而擅殺之，則保障權利之法，爲之瓦解，而世界大亂矣。無論何人，即或有官職者，苟他人以其人爲社會之害而擅殺之，謂足以增進社會之幸福，非余所能解也。余以昔之法吏，處山德以死刑，實爲至當。即往昔宗教監督官，往往大索異教徒，而處以死罪，彼其心非必以他人之苦痛爲快；蓋本其履行義務之習慣，以爲殺少數異教之徒，可以使全國民人，無惑於邪說，實不得已而爲之。故自主觀之一方面而論，則與論死山德之同爲無咎；惟其行事，則有當別論者。蓋自吾人觀之，取異教徒而盡死之者，實無裨益於社會也。

不知主客方面觀察之異者，論人評事，動生糾葛。不慊於其事者，輒因而詆其品性，如以中古之宗教監察官爲暴虐，以山德爲好名者，是也。其或能知其品性之無玷矣，則又舉其行爲之瑕點而亦袒庇之，歷史家準道德以爲褒貶者，大率類此。如評論一事，則必推測其有何名義，有何動機，以誘掖讀者愛惡之感情者，皆是也。

客觀之判斷，實具有正鵠論之基礎，以其甄別行爲方法之價值，於生活狀態，大有影響，故也。倫理學之職分，在規定客觀之行爲，而非在判定主觀之品性。偶判別動機及意向之事，然非分科學內事；即所以定此等判別之原理者，亦非科學分內事也。即欲強納之於職分，亦不過一小部分耳，夫所謂判定主觀品性之原理者，謂行爲之發生，由於義務意識所規定之意向者，謂之善，否則謂之惡，然則僅言順良心者爲善，而逆良心者爲惡已耳。良心之內容如何，非所問也。而倫理學之研究，不能以此自畫，必進而求之，義務之實際何謂耶？此倫理學家所不可不解釋之問題也。僅僅研究其特別之範圍，倫理學無由而成立。倫理學之職分，不惟教人人各從其良心，而實在指導良心，故所以規定良心之標準，不可不揭示也。由是科學家之倫理學，不能如神學家之倫理學，援不可思議之神意以自遁，又不能如海爾巴脫

(Herbart)及羅次(Lotze)之倫理學，不循科學公例，惟以一切條目歸宿於適合之法式，而以一己之良心，爲人類良心之標準。然則如何而可？則必由客觀之標準，而定良心之內容。客觀之標準如何？則以至善爲中心，而各種行爲，視其與至善關係之疏密而定其價値，是也。

要而言之，即主觀形式之判定，亦不能不歸宿於正鵠論。蓋行爲之從良心而守義務者，謂之善，是主觀形式論之中堅也。然何以從良心者爲善乎？在人或以此爲無謂之問題，而余謂不然。蓋所以答此問題者，即從於良心之行爲，乃客觀方面之所謂善也。何則？良心之傾向，在規定吾人之行爲，使吾人及其外界之安寧，皆賴此而有保持增進之效者也。人之性癖，雖不能無殊別，而良心則一民族中人人有同度之狀。故行爲之被規定於良心者，有適合普通規則之性質。不寧惟是，吾人良心之內容，悉由所屬民族之積極道德，藉教育，事例，清議，以輸入之者。而普通道德之內容，亦不外乎一民族或全文明社會之道德法律而已。據人類學家所考察之結論，凡所謂道德者，各人交際之良能，所以使其行爲能維持小己及社會之生活者也。是故良心者，吾人以自己最深之生趣，及其所附屬社會之生趣，規定吾人行爲之原理云爾。（照錄蔡子民先生譯文）

泡爾生『正鵠論』的主張，實在是結合『形式』及『功利』兩主義而成，他的要義，可以說有三點：

(一)是注重行爲的傾向；
(二)是注重客觀的判斷；
(三)是注重人格的實現。

就此三種要點以觀，可知他的學說，確有調和快樂克己兩派，折衷動機結果兩說的效能。

本主義既以調和作用爲重要原素，我們便可以明白調和就是創化的效用，進化的表徵。所以這一種調和，不純是自然的，還是要加以人爲的；人爲何在？則在於運用理知，整理理知。對於理知，旣主運用，旣主整理，當然不是專重理知，輕視感情。理知是不斷的向前進化，感情也是不斷的隨之向前進化；惟其雙方聯合，才可以收運用整理之效。人當擴充意識作用，使理性情感的範圍，日益恢闊，日益向上。同一合理，必使今日合理的程度，高於昨日，明日合理的程度，又高於今日。儘可昔日認爲十分合理的，到了今日，另有一個合理的說法出來，也就不妨將以前合理的說法取消。這並不是前後矛盾，乃是內容變化，乃是範圍擴充，時時有新材料新分子加入。變化擴充，皆是向一個至善的目的進行，所以才能把特別之我，擴成全體之我，一時的滿足，擴成永久的滿足。合理的主張，當然是時時刻刻隨着人類意識作用，向前展拓，不達到至善之境不止，不達到最高目的不休，不能實現最高的人格統一，不肯罷手。所以合理是隨作創化作用一同走的，無創化，也就無所謂合理。合理主義，是一個在襁褓中的嬌子，是一個初出土的嫩芽，前途發展，是無量的，是無盡的。他的生活進行，什麼是善，什麼是不善，總要看他前進的傾向，是不是最高目的，是不是能使人格統一，可以有實現的可能。一種調和作用，原是包含『合理』『創造』『進化』的三種意義在內。所以他是合於『正鵠論』的，是重視『人格主義』的；是適於人類進化，社會進化的最高目的的；是不偏不倚，適合中道的；是不限時間，不限空間，肆應咸宜的；是能取快樂主義，克己主義，進化快樂主義，三部分之所長，融合而成的。他是不同於古代合理主義，只知墨守，不知變化。他是異於近世進化主義，只知有機械人生，不知有創化精神。

繼此，可以把我國古代人生哲學中，所謂『中庸主義』，取來與本主義比照論述一下。

要說明中國儒家的中庸主義，應就中庸一部書，加以研究。但研究『中庸哲學』是專門哲學家的事業，本書不能負這個責任。可是，就中庸一部書中看，却有三個佔據中心地位的根本要點，也不可不把他特別提示出來。那三個要點呢？依我說：(一)是『和』，(二)是『誠』，(三)是『時』。現在可略略把他說明一個大概。

漢儒釋中庸一書之由來，開首即說：『中庸者，以其記中和之爲用也。庸，用也。……』可知『和』與『中』，實具有密切關係，『和』是由『中』而發。中爲本，指靜的一方面言；和爲用，指動的一方面言。中庸上說：『喜怒哀樂之未發，謂之中；發而皆中節，謂之和。中也者，天下之大本也；和也者，天下之達道也。致中和，天地位焉，萬物育焉。』這幾句話，確是帶有玄學上的意味，不容易一講就能明白。可是，如若粗淺一點兒講，所謂「未發之中」，就是指着善良品性。善良品性，在靜止之時，是無所表現的。但是，他那人格活動的可能性，則已潛伏在性能之中，早經成了一種調和圓滿的狀態；所以一旦接觸外物，即能發出調和圓滿的表徵，得着一種適當的生活。所謂中和，就是完美人格圓滿生活的靜動兩方面。古代哲學家，好以小己比宇宙，認爲宇宙的大自然，是最善不過的，人具至善目的，以求趨赴，自當以天爲準則，所以於認定『中』爲『天下大本』，『和』爲『天下達道』之後，復說『致中和則天地位，萬物育。』

『誠』與『中和』的關係，也是很大。中庸上說：『誠者，天之道也；誠之者，人之道也。誠者，不勉而中，不思而得，從容中道，聖人也。誠之者，擇善而固執之者也。』——『誠者』，是形容『誠』的性質和態度，天之道，可以當得起誠；聖人也可以當得起誠。他能『不勉而中，不思而得，從容中道。』這就是表示一種『中』『和』的氣象，由善良品性發現出來的。『誠之者』，則指所以做誠的功夫。要做誠的功夫，只有在人之自爲，所以說到『人之道』。至於人如何才能做到誠呢？則以『擇善固執』四字，做他的根本。『擇善』，是理知一方面的事；『固執』，是意志和情感一方面的事。中庸一書，是主張知情意三方同時發展，同時調和的。所以說：『好學近乎知，力行近乎仁，知恥近乎勇。』又說：『知仁勇三者，天下之達德也。』究竟如何才能把他調和起來呢？只有用『誠』來做樞紐。因而又說：『誠者，非自誠己而已也，所以成物也。成己，仁也；成物，知也；性之德也；合內外之道也。』『成己』在內，『成物』在外，內外合一，統一之人格自現；而仁知已可交盡，情知已能秉全。至於實際去成人成己，自然又非有堅定的意志不爲功。

誠之在人，是活動的，不是靜上的，所以說：『至誠不息』；惟其不息，所以才能『悠久，博厚，高明』。這是明明指道德進化而言。至於說：『君子而時中』，就是說，不應爲時所限，說：『温故而致新』，就是說，可以由以往推及未來。蓋中庸之『庸』，原有二義：一作『用』字講，一作『常』字講。以前一義言，則謂『中之用』；以第二義言，則謂『用中爲常道』；既曰常道，則必爲人之所易知所易能。可是，孔子仍有『君子中庸，小人反中庸』的話，可知中庸之道，雖屬人人易知易能，却不是人人皆能履蹈。所以孔子深致慨嘆，說：『中庸其至已乎！民鮮能久矣！』本來『中』是不偏不倚，無過不及之名，有未發之中，又有隨時之中。未發之中，則在乎個人的修養；隨時之中，則在乎隨時應事，以求其變化適應。果能養成中和之性，合乎中庸之道，則圓滿的生活，統一的人格，至善的目的，皆可達到而實現；自然不是很容易的事。古往今來，是否有人眞能自始至終，無一事違反中庸，殊不敢說；但是，中庸之可能，及中庸可以爲人生的極則，却是無可疑惑的。後來孟子推闡中庸之義，既稱『孔子不爲已甚』，又稱『孔子是聖之時』，而以伯夷之

『清』，伊尹之『任』，柳下惠之『和』，皆不能比於孔子之『中』。其意蓋謂，中道，必求其能應乎時，合於時，君子時中，便是執中之義，可知『中』又不能離乎『時』了。

由此看來，所謂中庸之道，實具有『和』『誠』『時』三種根本要素。就此三種要素，詳爲分析，便可以看出三種意義：(1)是含有調和之義，如欲望的調和，情感的調和，以及一切行爲的調和，自然皆統括在內。調和的結果，便是『發而中節』，『和而不流』，『中立不倚』，『無入而不自得』。(2)是含有創造之義，如舜之『好問察言』，顏回之『得善拳拳服膺弗失』，文王之『純一不已』，其所用的工夫，或爲『知』，或爲『仁』，皆是爲使『德之純』，使『性之盡』。換一句話說，就是皆所用以擴充他的意識作用，追求他的最高目的，增進他的人格統一。所以說：『君子尊德性而道問學，致廣大而盡精微，極高明而道中庸，溫故而知新，敦厚以崇禮。』殆無一不是合於創造主義。(3)是含有進化之義，如說『人一能之己百，人十能之己千，果能此道，雖愚必明，雖柔必強。』」這純是自動的進化，可以人力勝天然。蓋人類果能本着合理主義，一步一步，追求上去，自然能達到最高目的，所以把君子之道，比之於登高行遠，以爲不妨從近的地方走起，從卑的地方上去。

履行中庸之道，就是合理而行。可是，同一合理，程度也極爲不齊。就其淺近的說，則『夫婦之愚，可以與知，夫婦之不肖，可以能行。』若就高深的說，則『及其至也，雖聖人，亦有所不知，雖聖人，亦有所不能。』所謂『及其至』，就是及其中庸之至。在彼所謂『至德』，『至道』，皆是及其至的中庸。這就是至善，也就是至高至遠的目的。蓋合理而行的中道庸德，本是進化不已的一種東西，必定要時時刻刻去調節他，以合於『時』，且要本着創造精神去『博學，審問，愼思，明辨，篤行，弗能，弗得，弗措』，乃可以成功。

觀前文所說，則知我中國中庸一部書所說的中庸主義，幾幾乎和我所說的『創化的合理主義』，無一處不吻合。看一看他的主張，是眞正人道的，是具有普徧性的，是具有絕對價值的，是人人皆能，不分等級的，是擴充理知，調節情感的，是成人成己成物的，是盡己性以盡人性物性的，是由近及遠，由卑至高的，是明動變化的。他是眞能打破一切賢愚的界限，先天後天的界限，人我的界限，理知感情的界限，時間空間的界限。他的惟一目的，在追求創造的進化的至善，以達到人生最高最終的目的。這樣說法，還不可以算道德判斷最高的標準麼？還不可以使人類生活達到最圓滿的境地麼？

因論創化的合理主義，特取我中國古代哲學中一種中庸主義，與之相比照，相參證，可知在距今三千年以前，中國倫理學思想，已經發達到這樣境地，眞足以自豪於衆了。我們做後人的，既已承受了這種豐富的遺產，還不應該去好好的發揮光大他麼？